Sunil Kumar Mahla
Atam Prakash Papreja

Estudos sobre a utilização de combustíveis oxigenados em motores de combustão interna

Sunil Kumar Mahla
Atam Prakash Papreja

Estudos sobre a utilização de combustíveis oxigenados em motores de combustão interna

ScienciaScripts

Cover image: www.ingimage.com

This book is a translation from the original published under ISBN 978-620-2-30497-9.

Publisher:
Sciencia Scripts
is a trademark of
Dodo Books Indian Ocean Ltd. and OmniScriptum S.R.L publishing group

120 High Road, East Finchley, London, N2 9ED, United Kingdom
Str. Armeneasca 28/1, office 1, Chisinau MD-2012, Republic of Moldova, Europe
Managing Directors: Ieva Konstantinova, Victoria Ursu
info@omniscriptum.com

Printed at: see last page
ISBN: 978-620-8-60879-8

Conteúdo

Capítulo 1

Introdução

Nas últimas duas décadas, o rápido crescimento da industrialização, a liberalização da economia, a concorrência selvagem e as fusões e aquisições alteraram o cenário global e uniram o mundo. A energia é a necessidade básica para o desenvolvimento económico de qualquer país" e a maior fonte de energia na Índia, depois do carvão, é o gasóleo de petróleo, cerca de dois terços do qual é importado da OPEP (países exportadores de petróleo). A elevada dependência dos combustíveis importados e as frequentes flutuações dos preços do petróleo tornaram a economia indiana insegura e provocaram tendências inflacionistas que estão a prejudicar gravemente o homem comum.

1.1 Motivação

Este rápido desenvolvimento exigiu uma expansão igualmente rápida do sector dos transportes (ferroviários, de superfície, aéreos e marítimos), o que implica a utilização de motores de combustão interna. Os motores de ignição por compressão, nomeadamente os motores diesel, são supostamente os motores mais eficientes, uma vez que permitem uma maior economia de combustível e menores emissões de dióxido de carbono do que os motores convencionais de ignição comandada alimentados a gasolina. No entanto, estes motores tendem a ser mais dispendiosos e emitem níveis elevados de óxidos de azoto e de partículas, sendo o principal contribuinte para a poluição atmosférica, uma vez que são amplamente utilizados nos transportes públicos e no transporte de mercadorias, como se explica nos pontos 1.2 e 1.3, respetivamente.

1.1.1 Emissões de partículas (PM)

A gravidade dos efeitos das partículas (fuligem) pode ser compreendida pelos seus riscos para a saúde, como reacções inflamatórias pulmonares, sintomas respiratórios, efeitos adversos no sistema cardiovascular, aumento da utilização de medicamentos e internamentos hospitalares, redução da função pulmonar nas crianças, aumento da doença pulmonar obstrutiva crónica, etc., pelo que é importante compreender as razões da sua produção nos gases de escape dos motores e a forma de os remediar. O material particulado é um termo geral normalmente utilizado para uma variedade de compostos em fase condensada que se formam durante a pirólise do combustível, quando o combustível-mãe é quebrado em fragmentos mais pequenos de hidrocarbonetos que se encontram nos gases de escape, cuja formação é mostrada na Figura 1.1.

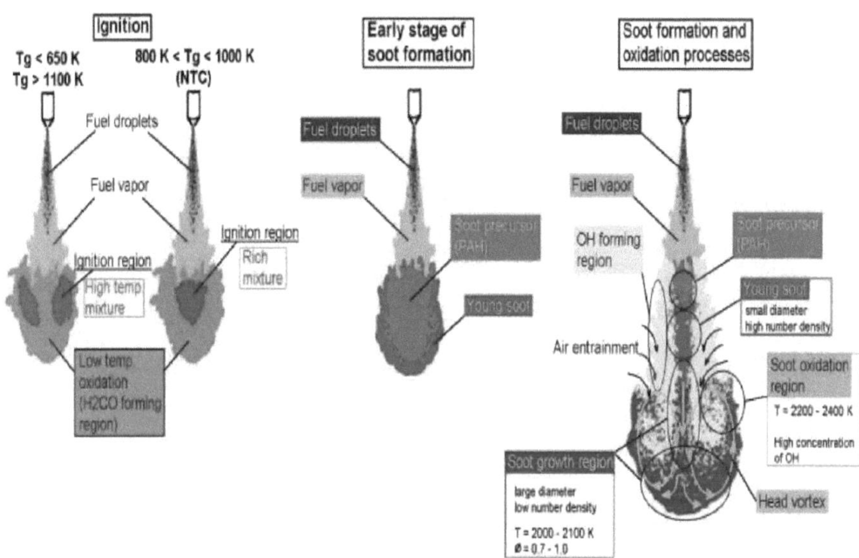

Figura 1.1: Formação de fuligem (PM)

1.1.2 Emissões de óxidos de azoto

O processo de combustão nos motores de combustão interna pode ser descrito em termos científicos como a combinação da mecânica dos fluidos e da cinética química que interagem com a ajuda de processos de transporte, nomeadamente a convecção, a difusão e a radiação térmica, conduzindo a fenómenos complexos de ignição/propagação/extinção da chama, combustão turbulenta, etc. A combustão incompleta causa a formação de HC, CO, PM e NO_x, que são mostrados na Figura 1.2. No que diz respeito ao NO_x, observa-se a partir do gráfico seguinte que os óxidos de azoto aumentam em misturas ar-combustível ricas porque estão presentes mais oxigénio e menos para o aquecer.

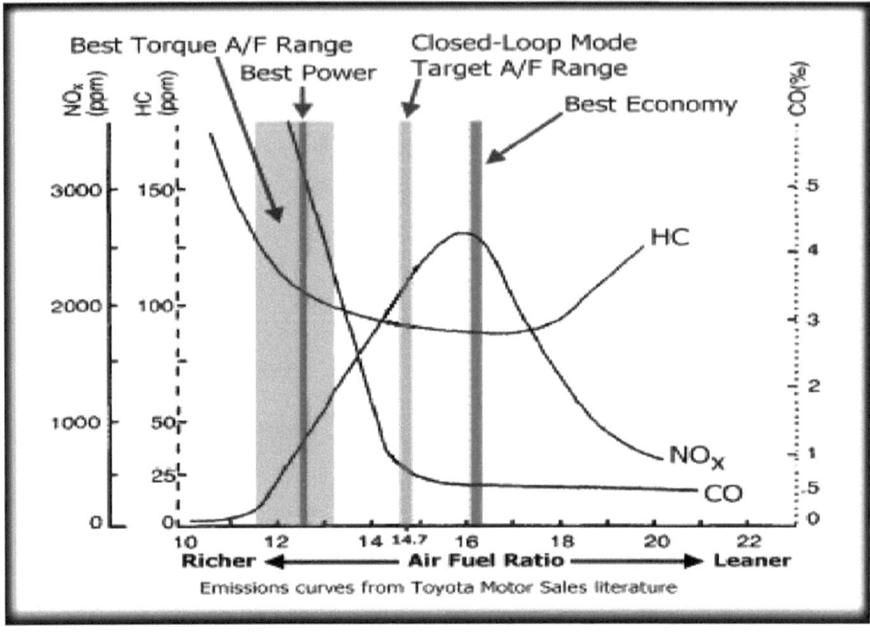

Figura 1.2: Curva de emissão de NO_{Xj} CO e HC

Para além da poluição atmosférica que provoca ozono ao nível do solo e smog na atmosfera, os gases de escape dos veículos a diesel também contêm partículas e hidrocarbonetos, contaminantes tóxicos do ar (TAC). As nossas novas gerações estão cada vez mais conscientes dos efeitos nocivos de várias emissões de gases de escape que causam asma brônquica, cancro do pulmão, irritação nos olhos, dores de cabeça, doenças pulmonares, hipoxia, etc. (Zhang Z.H. *et.al.*, 2014).

1.1.3 Relação de compromisso entre NO_x e partículas em suspensão

A compensação é definida como o equilíbrio perfeito entre os parâmetros, uma vez que, caso contrário, o controlo de um parâmetro afecta o outro. Os projectistas de motores diesel estão a ter dificuldade em conceber um motor perfeito que mantenha um equilíbrio entre NO_xe PM, embora tenham sido bem sucedidos na conceção de motores de combustão a baixa temperatura, que são de dois tipos: motor de ignição por compressão de carga homogénea (HCCI) e motor de ignição por compressão de carga pré-misturada (PCCI), que se considera ter as seguintes vantagens

> Ao baixar a temperatura de combustão através de uma mistura pobre ou de uma combustão parcialmente pré-misturada, a perda de calor do cilindro é reduzida, conduzindo a uma maior eficiência térmica.

> A temperatura mais baixa também ajuda a reduzir as emissões de NO_x do motor, que é altamente sensível à temperatura da chama de acordo com o mecanismo de Zel'dovich.

> É pouco provável que o processo de combustão pobre gere partículas, que se tornaram uma grande preocupação para o ambiente.

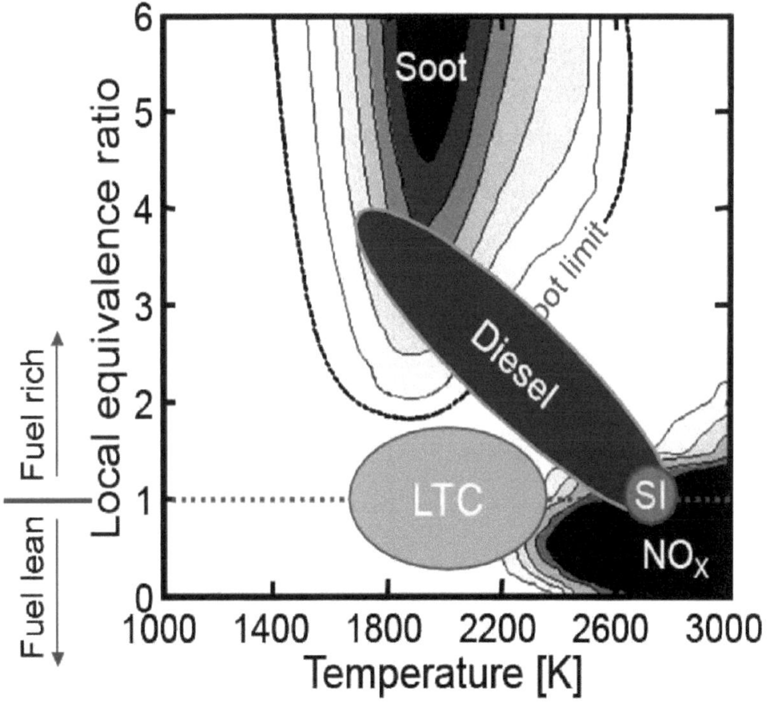

Figura 1.3: Relação de compromisso entreNO_xe fuligem

1.2 Segurança energética

A energia é a força motriz, direta ou indiretamente, da evolução estratégica, do crescimento e da sobrevivência do ser humano e desempenha um papel muito vital e construtivo no desenvolvimento socioeconómico de qualquer país, particularmente nos países em desenvolvimento como a Índia Qualquer incerteza quanto ao seu fornecimento pode mesmo ameaçar o funcionamento da economia e a sua existência.

As necessidades energéticas da Índia são largamente satisfeitas pelo carvão e pelos combustíveis fósseis (petróleo), que representam 66,8% da energia total produzida. Em 2011-12, a Índia foi o quarto maior consumidor mundial de petróleo bruto e gás natural, depois dos Estados Unidos, da China e da Rússia (Ingle, S. S. *et.*

al. ,2013).

Devido à pressão crescente da população e à utilização de energia na agricultura, na indústria e nos sectores doméstico e público, ao crescimento económico dinâmico e à modernização, a procura de energia na Índia continua a aumentar, apesar do abrandamento da economia global, e tem sido uma área de preocupação para o Governo indiano, uma vez que se espera que a procura de petróleo no sector dos transportes cresça rapidamente com a rápida expansão dos proprietários de veículos. Por este motivo, a nossa dependência dos combustíveis fósseis importados aumentou para 38% em 2012, como mostra a figura 1. 4. ao mesmo tempo, a necessidade de satisfazer a procura de energia criou enormes necessidades de capital para a criação de centrais eléctricas, condutas, portos, terminais, caminhos-de-ferro para transportar combustível, etc. (Subramanian *et. al.*, 2013).

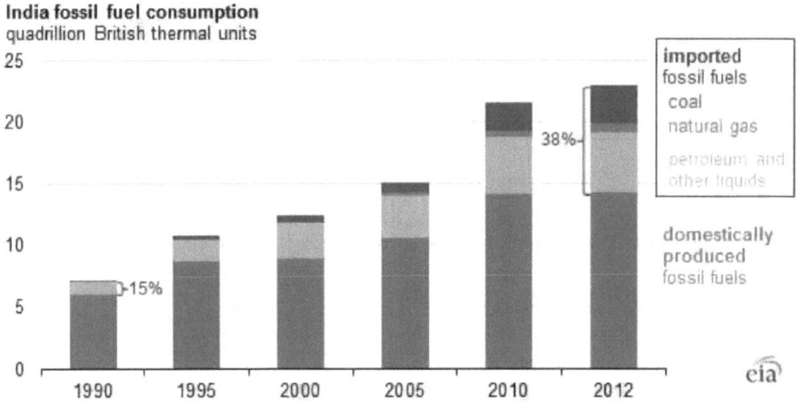

Figura 1.4: Administração de Informação sobre Energia dos EUA, Estatísticas Internacionais de Energia

1.3 Necessidade de combustíveis alternativos

A poluição atmosférica tornou-se uma grande preocupação para todos os países e até para a ONU, tendo sido considerada a principal causa das alterações climáticas. Embora todos os países estejam a envidar esforços para controlar e regulamentar rigorosamente as emissões de gases de escape, a poluição atmosférica continua a ser uma questão candente para o mundo. Embora o consumo global de combustíveis fósseis esteja a aumentar de dia para dia, o facto de as fontes se esgotarem a um ritmo muito rápido é motivo de preocupação para todo o mundo. A combustão de combustíveis fósseis liberta grandes quantidades de gases com efeito de estufa, sendo o dióxido de carbono o mais importante de todos estes gases.

Os cientistas de todo o mundo concordaram unanimemente que a temperatura média da Terra está a aumentar e que a atividade humana é uma das principais causas, como é evidente pelo aquecimento global. As alterações climáticas globais e a crescente regulamentação rigorosa em matéria de emissões tornaram-se o fator de motivação para o desenvolvimento e a comercialização de energias renováveis. No mundo atual, com preocupações crescentes sobre a crise energética, a energia renovável biodegradável é considerada a melhor alternativa e tem a capacidade de impulsionar uma nação para um novo nível de prosperidade. Entre os vários tipos de energia renovável, os biocombustíveis estão na vanguarda como substitutos dos combustíveis de petróleo.

A Índia é uma das economias de crescimento mais rápido do mundo, com uma taxa de 8-9,5 por cento, centrada no crescimento económico, na equidade e no bem-estar humano. A segurança energética tornou-se uma questão central. Para atenuar as preocupações com a segurança energética, o Governo da Índia tomou várias medidas nos últimos anos, que incluem o incentivo à participação do sector privado, uma abordagem mais holística no sentido de alargar a sua base de abastecimento e melhorar a eficiência e a obtenção de uma combinação óptima de recursos primários para a produção de energia.

Para além do carvão, os combustíveis fósseis, embora limitados, não renováveis e poluentes, continuarão a desempenhar um papel proeminente no cenário energético indiano nos próximos tempos, pelo que devem ser utilizados com prudência. Verificou-se que 95% das nossas necessidades de combustível para transportes são satisfeitas através da importação de combustíveis petrolíferos que se esgotam continuamente e que são a principal fonte de emissão de gases poluentes, enquanto o petróleo bruto nacional representa apenas 23% das nossas necessidades energéticas. A segurança energética da Índia permanecerá vulnerável enquanto não forem desenvolvidos combustíveis alternativos renováveis, autóctones, não poluentes e praticamente inesgotáveis para substituir/suplementar os combustíveis derivados do petróleo, com base em matérias-primas renováveis produzidas internamente.

A Mãe Natureza sempre foi bondosa para com o ser humano e, desde o início do universo, tem vindo a satisfazer as suas necessidades energéticas de forma renovável. A revolução industrial dos séculos XIX e XX abriu as portas à exploração das reservas fósseis da Terra, ou seja, o petróleo fóssil, o carvão e o gás natural. Embora, no início, estas reservas de energia parecessem ser ilimitadas, os últimos estudos exprimiram preocupações não só quanto à sua abundante disponibilidade, mas também quanto às suas emissões nocivas. O milagre da energia nuclear e as suas amargas experiências de fugas de radiações e os seus efeitos secundários obrigaram-nos a ser mais cautelosos na sua utilização como fonte de energia limpa. Por conseguinte, as circunstâncias actuais trouxeram de novo para a ribalta as energias renováveis.

1.4 Normas de emissão / normas

O aumento dos riscos para a saúde devido à poluição e às emissões de gases de escape dos motores diesel obrigou os governos de todo o mundo a imporem controlos rigorosos das emissões através de legislação. O quadro 1.1 apresenta pormenores sobre os poluentes atmosféricos e os seus efeitos secundários na saúde. A partir da Tabela 1.1, a gravidade dos efeitos pode ser compreendida e a mesma seriedade no controlo dos mesmos é desejada, embora não possa ser eliminada totalmente, mas pelo menos pode ser controlada pela utilização de combustíveis alternativos e manutenção dos motores. Os riscos ambientais e de saúde associados às emissões dos motores diesel resultaram em todo o mundo num grande número de estudos de investigação nas últimas duas décadas e criaram uma consciência sobre a sua gravidade. As normas de emissão / normas, tendo em vista os limites aceitáveis, foram padronizadas e tornadas obrigatórias não só para os fabricantes de veículos ou motores, mas também para os utilizadores para manter e controlar as normas de emissão. As normas de emissão que estão a ser seguidas são apresentadas na Tabela 1.2. Os regulamentos de emissões indianos, que envolvem a definição de limites, regulamentos e medição de emissões de escape e cálculo do consumo de combustível, estão a ser tratados pela Associação de Investigação Automóvel da Índia. Trata-se de uma tarefa de grande dificuldade para os projectistas de motores, devido ao conhecido compromisso entre o NO_xe as partículas. No motor diesel, a via principal é o mecanismo térmico ou de Zeldovich alargado, como se explica a seguir:

$O + N2 = NO + N$ $k = 1.8 \times 10^{14} \exp[- 318 \text{ kJ} - \text{mol}^{-1} / RT]$ (1)

$N + O_2 = NO + O$ $k = 9.0 \times 10^{9} \exp[- 27 \text{ kJ} - \text{mol}^{-1} / RT]$ (2)

$N + O_2 = NO + H$ $k = 2.8\ 10^{13}$ (3)

Onde κ é a constante de velocidade de reação em unidades de $cm^{(3)/}$mol-s (valores da referência). A reação (1) é o passo limitante e tem uma forte dependência da temperatura e, por isso, a quantidade de NO formada é regida pela temperatura de pico da combustão.

Quadro 1.1: Pormenores dos poluentes atmosféricos e dos seus efeitos secundários

Sr. No	Pollutants	Units	Associated health risks
1	Carbon monoxides (CO)	mg/m^3	Reacts with hemoglobin in blood, Forms carboxyhemoglobin (HbCO) rather than oxyhemoglobin (HbO2), Prevents oxygen transfer, Low-level: cardiovascular and neurobehavioral, High-level: headaches/nausea/fatigue to possible death, Oxygen deficient people esp. vulnerable (anemia, chronic heart or lung disease, high altitude residents, smokers), Cigarette smoke: 400-450 ppm smoker's blood 5-10% HbCOvs. 2% for non-smoker
2	Particulate Matter (size less than 10 μm) or PM 10	μg/m3	Short-term exposure effects: Lung inflammatory reactions, Respiratory symptoms, Adverse effects on the cardiovascular system, Increase in medication usage and hospital admissions, Increase in mortality
3	Particulate Matter(size less than 2.5 μm) or PM2.5,	μg/m3	Long-term exposure effects: Increase in lower respiratory symptoms, Reduction in lung function in children, Increase in chronic obstructive pulmonary disease, Reduction in lung function in adults, Reduction in life expectancy, owing mainly to cardiopulmonary mortality and probably to lung cancer
4	Nitrogen Dioxide (NO2),	μg/m3	Long Term exposure: Pulmonary fibrosis, emphysema, and higher LRI (lower respiratory tract illness) in children, Toxic acute effects at 10-30 ppm, Nose and eye irritation, Lung tissue damage and Pulmonary edema (swelling), Bronchitis /Effect on Defense mechanisms and Pneumonia / Aggravate existing heart disease

Quadro 1.2: Normas de emissão para veículos ligeiros, g/km

Year	Indian standard	Reference	CO	HC	HC+NO_x	NO_x	PM
Diesel							
1992	-	-	17.3-32.6	2.7-3.7	-	-	-
1996	-	-	5.0-9.0	-	2.0-4.0	-	-
2000	BS-1	Euro-1	2.72-6.90	-	0.97-1.70	-	0.14-0.25
2005	BS-2	Euro-2	1.0-1.5	-	0.7-1.2	-	0.08-0.17
2010	BS-3	Euro-3	0.64 0.80 0.95	-	0.56 0.72 0.86	0.50 0.65 0.78	0.05 0.07 0.10
2010	BS-4	Euro-4	0.50 0.63 0.74	-	0.30 0.39 0.46	0.25 0.33 0.39	0.025 0.04 0.06
Gasoline							
1991	-	-	14.3-27.1	2.0-2.9	-	-	-
1996	-	-	8.68-12.4	-	3.00-4.36	-	-
1998	-	-	4.34-6.20	-	1.50-2.18	-	-
2000	BS-1	Euro-1	2.72-6.90	-	0.97-1.70	-	-
2005	BS-2	Euro-2	2.2-5.0	-	0.5-0.7	-	-
2010	BS-3	Euro-3	2.30 4.17 5.22	0.20 0.25 0.29	-	0.15 0.18 0.21	-
2010	BS-4	Euro-4	1.00 1.81 2.27	0.10 0.13 0.16	-	0.08 0.10 0.11	-

Os motores a utilizar em veículos ligeiros também podem ser ensaiados para BS-2 (Euro-2) utilizando um dinamómetro de motor e as respectivas normas de emissão são apresentadas no Quadro 1.3.

Quadro 1.3: Normas de emissão alternativas para veículos ligeiros a gasóleo, g/kWh

Year	Indian standard	Reference	CO	HC	NO_x	PM
1992	-	-	14.0o	3.50	18.0	-
1996	-	-	11.20	2.40	14.4	-
2000	BS-1	Euro-1	4.50	1.10	8.0	0.36
2005	BS-2	Euro-2	4.00	1.10	7.0	0.15

1.5 Combustíveis alternativos

As rigorosas regulamentações impostas a nível mundial em matéria de emissões, tendo em conta a poluição atmosférica e o impacto do aquecimento global, tornaram imperativo que o mundo e os investigadores concentrem o seu interesse no domínio dos motores ou das técnicas relacionadas com os combustíveis, que podem incluir combustíveis alternativos biodegradáveis ou oxigenados capazes de atenuar as emissões de partículas (Dogan, O., 2011):

> Controlo das emissões de escape não poluentes e não tóxicas.

> A produção emite gases de escape que contribuem para o smog e o aquecimento global.

> A maioria dos combustíveis alternativos é biodegradável: e

> Ajuda a nação a tornar-se autossuficiente e independente em termos energéticos.

Os combustíveis alternativos são normalmente conhecidos como combustíveis não convencionais ou avançados, derivados de recursos renováveis de biomassa. O sector dos combustíveis alternativos tem vindo a ganhar força junto dos governos no sentido de promover o desenvolvimento sustentável e formas de complementar os recursos energéticos convencionais para satisfazer as necessidades energéticas dos combustíveis para transportes e da vasta população rural da Índia.

Na Índia, foram feitos muito poucos esforços no sentido da investigação, desenvolvimento e produção de biocombustíveis. Os países em desenvolvimento também consideram os biocombustíveis como um meio potencial para estimular o desenvolvimento rural e criar oportunidades de emprego. Por conseguinte, tendo em conta os interesses dos agricultores e a segurança alimentar, estão a ser envidados esforços para desenvolver biocombustíveis baseados em matérias-primas não alimentares na Índia, uma vez que a economia indiana depende em grande medida da produção agrícola e que as matérias-primas podem ser produzidas em terrenos baldios que, de outro modo, não são adequados para a produção agrícola, evitando assim um possível conflito entre combustível e segurança alimentar:

> Biocombustíveis

> Biodiesel

> Bio-álcool (metanol, etanol e butanol)

> Hidrogénio,

> Metano não fóssil, propano e gás natural

> Outras fontes de biomassa

1.5.1 Biocombustíveis

O biocombustível é um combustível que pode ser derivado da biomassa - organismos vivos recentes ou os seus subprodutos metabólicos, tais como óleos de plantas, madeira, etc. No que respeita ao clima, os biocombustíveis são vistos por muitos como uma forma de reduzir o dióxido de carbono na atmosfera da Terra.

1.5.2 Biodiesel

Após muita investigação exaustiva em todo o mundo, o biodiesel surgiu como a alternativa mais adequada ao gasóleo devido às suas propriedades semelhantes. Sendo biodegradável e mais amigo do ambiente do que os combustíveis fósseis convencionais, o biodiesel é o melhor substituto do gasóleo de petróleo, uma vez que pode ser utilizado nos motores de ignição por compressão existentes com ou sem grandes modificações. O biodiesel pode ser produzido a partir de materiais biológicos, como óleos vegetais ou gorduras animais, através da transesterificação de óleos vegetais e também é designado como combustível oxigenado, uma vez que contém quase 10% de oxigénio, o que o torna um combustível naturalmente oxigenado.

1.5.2.1 Produção de biodiesel

Embora o biodiesel esteja a ser produzido a partir de óleos alimentares virgens ou residuais e de óleos não comestíveis, a produção de biodiesel a partir de óleo não comestível e a sua utilização como mistura ternária com n-butanol e gasóleo está a ser considerada na nossa investigação e experimentação pelas seguintes razões

> O óleo alimentar vegetal é bastante caro e, por isso, não é económico.

> Grande procura de óleo alimentar na Índia.

> Os óleos vegetais são utilizados na culinária e em suplementos alimentares.

> Os óleos vegetais são utilizados no acabamento de madeiras, na pintura a óleo e nos cuidados da pele.

1.5.2.2 Justificação da escolha do óleo de rícino para biodiesel

A política indiana em matéria de biocombustíveis (2009), cujas caraterísticas mais salientes são indicadas a seguir, tem sido um fator orientador, para além das desvantagens dos óleos comestíveis, na escolha de óleos não comestíveis para a produção de biodiesel, ao passo que os óleos comestíveis são utilizados nos EUA para a produção de biodiesel, uma vez que estão disponíveis em excesso.

> 20% de mistura de biocombustíveis na gasolina e no gasóleo em todo o país até 2017.

> Comité Nacional de Coordenação dos Biocombustíveis, presidido pelo Primeiro-Ministro, e um Comité Diretor dos Biocombustíveis, presidido pelo Secretário de Estado.

> Estatuto de "mercadoria declarada" para os biocombustíveis, o que garantiria um imposto uniforme sobre as vendas do produto em todos os Estados.

> A produção de biodiesel será efectuada a partir de sementes oleaginosas não comestíveis nos resíduos, degradadas e

terras marginais.

O MSP, que prevê a revisão periódica das sementes oleaginosas para biodiesel, será anunciado para proporcionar um preço justo aos produtores.

> Para o biodiesel, o PPM deve estar ligado ao preço de retalho do gasóleo em vigor e bloquear

O diagrama de formação do biodiesel é apresentado na Figura 1.5.

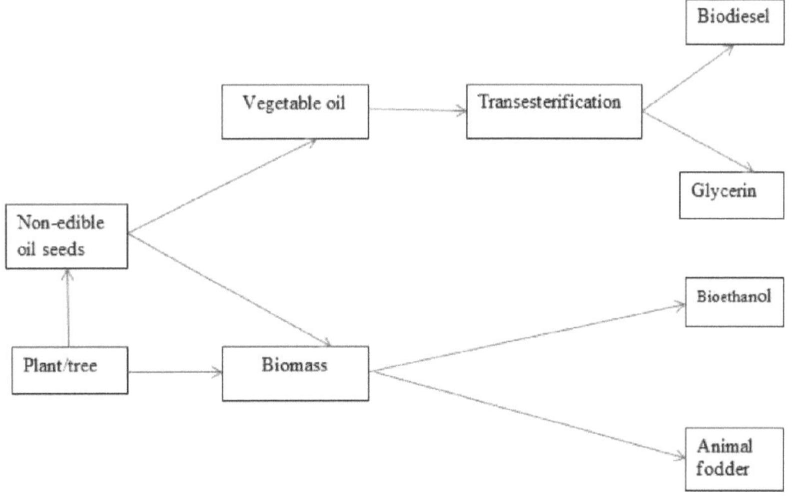

Figura 1.5: Papel das sementes não comestíveis nos biocombustíveis

Ingle, S.S. *et al.* (2014) e Deshpande, D.P. *et. al.* (2012) efectuaram um estudo exaustivo sobre a produção de biodiesel a partir de óleos vegetais e observaram que, devido a vários inconvenientes dos óleos vegetais, como indicado abaixo, a utilização de óleos não comestíveis, como o pinhão-manso, a pongâmia, a karanja, a rícino, etc., pode ser feita melhorando as suas propriedades de esterificação, o que apoiou ainda mais a política indiana em matéria de biocombustíveis de utilização de óleos não comestíveis para a produção de biodiesel. No entanto, o óleo de rícino, de entre os vários óleos não comestíveis disponíveis, ou seja, pinhão-manso, karanja, pongâmia, etc., está a ser considerado para a produção de biodiesel na nossa experimentação e investigação devido ao seguinte

> É fácil de cultivar.

> É resistente à seca.

> Solúvel em álcool.

> Não necessita de calor durante a transformação em combustível.

> Maior teor de óleo nas sementes de rícino, que pode atingir 50% em peso.

> Cresce em condições tropicais quentes e húmidas.

> O seu período de crescimento é inferior ao do pinhão-manso e da papoila, ou seja, 4-5 meses.

> Pode ser cultivado em rotação com outras culturas.

> Pode também ser cultivada em mistura com algodão, amendoim, arhar, etc.

> Não é necessária a manutenção da cultura, ou seja, fertilizantes.

> Maior sensibilização e experiência dos agricultores.

> Contém a maior quantidade de hidroácidos gordos em comparação com os óleos vegetais.

> Peso molecular elevado (298).

> Ponto de fusão inferior (5^{0}C).

> Ponto de solidificação muito baixo (-12^{0}C a -18^{0}C).

> E, sobretudo, a Índia é o maior produtor e exportador de sementes de rícino.

1.5.3 Bio-álcool

O aquecimento global e os seus efeitos posteriores sensibilizaram os investigadores, as agências governamentais, os fabricantes de automóveis e até mesmo as Nações Unidas, o que levou ao Protocolo de Quioto, um tratado internacional entre 92 partes que compromete os Estados Partes a reduzir as emissões de gases com efeito de estufa (CO2) produzidas pelo homem, que são supostamente o principal contribuinte para o aquecimento global. O Protocolo de Quioto foi adotado em Quioto, no Japão, em 11 de dezembro de 1997 e entrou em vigor em 16 de fevereiro de 2005. Os motores diesel, embora conhecidos pela sua economia de combustível superior e pela redução das emissões de gases com efeito de estufa, emitem uma maior quantidade de partículas devido à sua combustão heterogénea. Através de extensa investigação, foi bem aceite que a adição/mistura de gasóleo com combustível oxigenado (vulgarmente conhecido como álcool) resulta em menores emissões de partículas, uma vez que a sua molécula possui um teor de oxigénio mais elevado do que o biodiesel. Por conseguinte, os outros biocombustíveis mais utilizados são os bioálcoois, que incluem principalmente o etanol como combustível alternativo renovável para motores de combustão interna, uma vez que é produzido a partir de biomassa e da fermentação alcoólica do açúcar do milho, da cana-de-açúcar, da cevada, do sorgo doce e de resíduos agrícolas. O etanol é superior ao metanol, que é produzido a partir de combustíveis fósseis, devido à sua capacidade de renovação e é amplamente utilizado quer como aditivo quer como mistura com combustíveis petrolíferos. No entanto, o etanol é corrosivo, tem um ponto de inflamação mais baixo e tem tendência para formar uma pressão de vapor mais elevada, o que exige uma maior precaução na sua utilização. Mais ainda, para assegurar uma solubilidade completa com os combustíveis (metanol, etanol, propanol e butanol), os álcoois têm sido utilizados desde há muito tempo como combustível e os álcoois de interesse são: metanol, etanol, propanol e butanol, porque podem ser sintetizados química ou biologicamente. Além disso, têm caraterísticas semelhantes às da gasolina devido à sua elevada octanagem e, por conseguinte, o etanol tem sido considerado um excelente substituto para os motores de ignição por faísca, mas ultimamente, após uma extensa investigação, verificou-se que os álcoois, principalmente o etanol e o metanol, em menor grau, também provaram ser um substituto prospetivo para o gasóleo de petróleo nos motores de ignição por compressão. O metanol é produzido a partir de combustíveis fósseis, mas tem uma solubilidade restritiva no gasóleo, enquanto o etanol é um combustível renovável à base de biomassa, produzido por fermentação alcoólica de açúcar a partir de materiais vegetais como o milho, a cevada, o melaço, etc., pelo que tem a vantagem de ser um combustível de qualidade superior. e, por conseguinte, tem a vantagem sobre o metanol de uma maior miscibilidade no gasóleo e, enquanto o n-butanol, por outro lado, foi considerado um concorrente muito forte dos combustíveis diesel nos motores diesel devido ao seu número de cetano mais elevado, menor pressão de vapor, maior valor de aquecimento e, acima de tudo, à sua maior miscibilidade do que o etanol, sendo biodegradável e facilmente transferível através de condutas existentes, tornando-o assim o mais preferível ao etanol para mistura com o gasóleo (An, H. *et. al.*, 2013). No presente estudo, está a ser realizada uma análise experimental dos parâmetros de desempenho e das caraterísticas de emissão da mistura de biodiesel de óleo de rícino e n-butanol com gasóleo, uma vez que muito pouco trabalho foi feito sobre este assunto. O propanol, que é considerado menos tóxico e também menos volátil do que o metanol, é fabricado a partir de celulose por fermentação, mas não tem sido bem sucedido como substituto do gasóleo.

1.5.3.1 Justificação da utilização do n-butanol

Armas, O. *et. al.* (2012) efectuaram um estudo experimental das emissões poluentes com misturas de etanol e butanol e concluíram que o butanol, devido às suas propriedades, está a emergir como um concorrente importante do etanol para utilização em motores de ignição por compressão, embora não tenham sido efectuados muitos estudos.

Siwale, L. *et. al.* (2012) estudaram e compararam os efeitos de misturas de 5%, 10% e 20%

de volume partilhado de n-butanol (B05, B10 e B20, em que B05 representa 5% de volume partilhado de n-butanol com 95% de gasóleo) e observaram que as propriedades do n-butanol são tais que este tem potencial para ultrapassar os inconvenientes do etanol e pode ser misturado sem separações de fase.

Zhang, Zhi-Huiet. *al.* (2014) estudaram a influência da adição de butanol à mistura diesel-biodiesel no desempenho do motor e nas emissões de partículas de um motor diesel estacionário e verificaram que a adição de butanol reduziu ainda mais a concentração de massa de $PM_{2.5}$, as concentrações totais de partículas, bem como o diâmetro médio geométrico das partículas e reduziu as emissões de PAH.

As desvantagens do etanol levaram os investigadores a procurar um combustível oxigenado renovável alternativo e, após extensa investigação, foi desenvolvido um biocombustível muito competitivo, ou seja, o n-butanol. O "butanol" é amigo do ambiente, renovável e produzido a partir da fermentação alcoólica da biomassa e as vantagens que se seguem fazem dele o álcool mais preferido para utilização em misturas com o gasóleo:

> Contém mais oxigénio (21,6%) do que o biodiesel.

> Emitir menos fuligem.

> Devido ao maior calor de evaporação, que resulta numa temperatura de combustão mais baixa, as emissões de N0x são menores.

> Maior poder calorífico.

> Os átomos de carbono do butanol são duas vezes superiores aos do etanol e, por conseguinte, produzem mais 25% de energia do que o etanol, o que resulta num menor consumo de combustível.

> Volatilidade mais baixa, uma vez que diminui com o aumento dos átomos de carbono.

> Tendência reduzida para problemas de cavitação e bloqueio de vapor, eliminando assim a necessidade de misturas especiais durante o verão e o inverno.

> Menos corrosivo e com maior poder calorífico.

Sendo um combustível oxigenado, a sua mistura com o gasóleo melhora a combustão, reduz as partículas, o CO e o N0x e o butanol, sendo um bom solvente para os combustíveis derivados do petróleo, apresenta uma estabilidade de mistura e a sua mistura com os combustíveis derivados do petróleo até 40% de teor alcoólico não exige quaisquer modificações nos motores dos veículos existentes.

1.5.4 Hidrogénio

O hidrogénio é um combustível de elevado valor energético, não poluente e amigo do ambiente, que está a ser amplamente explorado, e o elemento mais abundante conhecido no universo, que não se encontra na Terra como gás, mas em combinação com outros elementos.

1.5.5 Gás natural

O gás natural é um combustível fóssil gasoso constituído principalmente por metano, mas que inclui quantidades significativas de etano, propano, butano e pentano e tem de ser submetido a um processo de transformação para eliminação de todos os gases, com exceção do metano. É amplamente utilizado em casa, como GNC em veículos e em várias aplicações industriais. Embora tenha ajudado a reduzir as emissões nocivas, não é renovável.

1.5.6 Energia de biomassa

A energia da biomassa é renovada e produzida a partir de materiais vegetais e contém 50% a 80% de metano e 20% a 50% de dióxido de carbono, com vestígios de outros gases como o azoto, o hidrogénio, etc. Devido ao seu baixo custo, representa 15% da energia mundial e 35% nos países em desenvolvimento. Tornou-se um dos combustíveis alternativos mais procurados, uma vez que a biomassa pode voltar a crescer num período de tempo relativamente curto, em comparação com as centenas de milhões de anos que foram necessários para a formação dos combustíveis fósseis. A bioenergia, se não for gerida e monitorizada cuidadosamente, pode causar riscos ambientais, uma vez que a energia da biomassa pode ser colhida a um ritmo sustentável, produzir poluição atmosférica nociva e consumir grandes quantidades de água.

1.6 Propriedades dos combustíveis alternativos:

Tabela 1.4: Propriedades de vários combustíveis alternativos.

Sr.No.	Properties	Diesel	CNG	LPG	Methanol	Ethanol	Hydrogen
1	Chemical structure	C_{10} to C_{20}	CH_4	C_3H_8	CH_3OH	CH_3CH_2OH	H_2
2	Density(kg/m^3)	835-860 815	*160	536	791	785-789	70 liq 0.09 gas
3	Specific gravity @15°C	0.86			0.796	0.794	
4	Viscosity(C.P.) mm^2/sec(20°C)	40			0.59	1.19	
5	Auto ignition point (C)	250	540 620	450-510	450	420	585
6	Boiling point (C)	180-360	-162	-42	65		
7	Stoichiometric ratio	14-14.7	17.1	15.7	6.52	9.06	34.5
8	Heating value Low(MJ/kg)	42	50 4.8(/dm^3)	46.05(/dm^3)	19.5	27	121
9	Cetane number	40 to 55	N/A	N/A	5	8	N/A
10	Octane number	8 to 15	120+	104	111	108	130+
11	Flamm. Limit-up(%vol) low	7.6 1.4	13.9 5	9.4 2.1	36.9 7.3	19 4.3	
12	Oxygen content(by%wt)	0			50	34.7	0

1.7 Utilização da mecatrónica no motor de ignição por compressão

A concorrência selvagem, o avanço tecnológico e a liberalização da economia mundial obrigaram as empresas de todo o mundo a procurar formas inovadoras de sobreviver no mercado. Mesmo no final da década de 1970 e na década de 1980, os países desenvolvidos enfrentaram uma forte concorrência do Japão e forçaram as empresas dos Estados Unidos a fazer um exame de consciência
e toda a gente começou, mesmo em cadeia nacional, a dizer que "se o Japão consegue ------porque Não podemos?" e este tumulto deu origem ao conceito de Gestão da Qualidade Total, popularmente conhecido como TQM, que inaugurou uma nova era não só na indústria automóvel, mas também em todas as entidades empresariais que colocam a tónica na satisfação do cliente e o seu feedback tornou-se assim a necessidade/input para a realização de novas melhorias na conceção do produto.

Um dos factores responsáveis pela satisfação do cliente em termos de conceção de conforto, conceção funcional e sistemas de fácil utilização é conhecido como factores humanos e ergonomia. Este facto alterou completamente o conceito básico de conceção de sistemas e os engenheiros têm cada vez mais em conta a satisfação do cliente ao conceberem os produtos. Esta situação exigiu a integração horizontal de funções interdisciplinares, uma vez que a complexidade das tarefas e funções está a aumentar, o que levou à inovação da mecatrónica, que permitiu aos engenheiros combinar de forma sinérgica os conhecimentos clássicos de engenharia mecânica, hidráulica, pneumática, eletrónica e informática.

1.8 Descrição do problema

A Índia é um país em desenvolvimento e está prestes a tornar-se uma superpotência. Tal só será possível se o país conseguir um crescimento ininterrupto em domínios planeados e não planeados, elevando assim o nível de vida do homem comum. Este objetivo pode ser alcançado através da utilização das divisas duramente ganhas para melhorar as infra-estruturas do país, mediante a melhoria da tecnologia, quer através de empresas comuns, quer através da importação de tecnologia. Mas isto só é possível se reduzirmos a nossa dependência da importação de combustível de petróleo, que consome muitas divisas estrangeiras.

Esta situação exigiu um esforço acelerado no desenvolvimento de combustíveis alternativos renováveis, uma vez que as reservas de combustíveis petrolíferos estão a diminuir de dia para dia.

Após um estudo exaustivo dos trabalhos de investigação, verificou-se que a investigação publicada sobre o desempenho e a avaliação das emissões de gases de escape com misturas ternárias de biodiesel-bioálcool-diesel é limitada e não foi efectuado muito trabalho. Esta observação foi o principal fator de motivação para o investigador realizar a sua investigação, cujos resultados ajudarão muito o nosso país a considerar a utilização da mistura ternária como combustível alternativo, o que reduzirá a nossa dependência do combustível importado do petróleo.

Tendo em conta o acima exposto, o objetivo da presente investigação é: "Investigações experimentais sobre a avaliação do desempenho e as caraterísticas de emissão de biodiesel de rícino e misturas de n-butanol em motores de combustão interna."A medição do desempenho e dos parâmetros de controlo das emissões e a sua análise utilizando misturas ternárias de biodiesel de rícino-n-butanol-diesel em misturas de 5%, 10%, 15% 20% e 25% e designadas por CB05BU05, CB10BU10, CB15BU15, CB20BU20 e CB25BU25 (25% de biodiesel de rícino, 25% de n-butanol e 50% de gasóleo em volume) a 30%, 60% e 90% de carga serão realizadas num banco de ensaio experimental.

1.9 Estrutura da tese

A formulação da tese foi feita em sete capítulos que destacam o âmbito do trabalho efectuado.

O capítulo 1 apresenta a introdução, que inclui o conceito de investigação que tem origem na necessidade que motiva o investigador a concetualizar e a prosseguir metodicamente, sublinhando a motivação, a necessidade, o objetivo da investigação e o âmbito da investigação, que foram destacados no capítulo 1

O Capítulo 2 apresenta a revisão da literatura, tendo em vista o objetivo acima referido, foi realizada uma revisão exaustiva da literatura, cujos resultados foram resumidos no Capítulo 2. Neste capítulo, os parâmetros de desempenho e as caraterísticas de emissão dos motores a gasóleo que utilizam várias misturas de biocombustíveis e misturas ternárias com referências especiais aos efeitos da mistura de biodiesel de rícino com gasóleo, mistura de n-butanol com gasóleo e mistura ternária foram discutidos em pormenor. A razão de ser da utilização de óleos não comestíveis e, em particular, do biodiesel de rícino e do n-butanol também foi discutida em pormenor. Abrange igualmente várias propriedades físicas e químicas de misturas ternárias de biodiesel de rícino - n-butanol - diesel e diesel.

O capítulo 3 apresenta os materiais e métodos que incluem a metodologia de investigação detalhada , destacando a preparação de biodiesel a partir de óleo de rícino e várias misturas ternárias de biodiesel de rícino-n-butanol e gasóleo em diferentes proporções (por volume). Também foram explicados os pormenores do equipamento utilizado para a medição de várias propriedades físicas e químicas do biodiesel e das suas misturas com n-butanol e gasóleo para a medição dos parâmetros de desempenho e das caraterísticas de emissão do motor diesel, juntamente com o equipamento de ensaio experimental classificado como mecatrónico.

O capítulo 4 apresenta a instrumentação, incluindo os pormenores de vários instrumentos utilizados para a medição dos parâmetros de desempenho, das emissões de escape e das propriedades físicas e químicas das misturas ternárias de biodiesel de rícino, n-butanol e gasóleo.

O capítulo 5 apresenta a experimentação, que inclui a experimentação do gasóleo de base e das misturas a uma carga de 1, 2, 3, 4 e 5 KW, que será efectuada no equipamento de ensaio experimental, onde serão observados os parâmetros de desempenho e de emissões.

O Capítulo 6 apresenta os resultados e discussões que incluem os dados da experimentação, que serão analisados e representados em histogramas e curvas. Os resultados serão depois discutidos em pormenor e comparados com as conclusões de investigadores anteriores.

No Capítulo 7, são apresentadas as conclusões da tese, que incluem as conclusões e os resultados do estudo.

Capítulo 2

Revisão da literatura

Devido ao crescimento económico em todo o mundo, a procura de petróleo como combustível aumentou muitas vezes, o que provocou a flutuação frequente dos preços do petróleo bruto e colocou uma pressão sobre as divisas estrangeiras, uma vez que a maioria dos países depende das importações. As rigorosas regulamentações em matéria de emissões ambientais impostas pelos países agravaram ainda mais o cenário, pelo que os cientistas e investigadores se viram confrontados com o desafio de desenvolver combustíveis alternativos para aumentar as reservas de petróleo. A investigação contínua no desenvolvimento de combustíveis alternativos em todo o mundo levou ao conceito de biocombustível, que é um combustível líquido produzido a partir de culturas e plantas e as culturas utilizadas para a produção de biocombustível são chamadas culturas energéticas e podem ser biodiesel ou etanol. Uma vez que são produzidos a partir de plantas e culturas cultivadas, tornaram-se uma fonte de esperança para os agricultores, muitos dos quais vivem na pobreza. Além disso, o facto de a produção de biocombustíveis não exigir alta tecnologia veio alegrar a vida dos agricultores pobres e da indústria agrícola.

Vários trabalhos de investigação e esforços concertados foram efectuados por vários investigadores para estudar o desempenho, a avaliação e as caraterísticas das emissões de misturas de biodiesel de rícino e n-butanol-diesel em várias proporções. Os resultados têm sido encorajadores, indicando uma redução da opacidade dos fumos, do CO e do CO_2, com uma penalização da diminuição da eficiência devido a um menor valor calorífico e a um aumento dos óxidos de azoto e do consumo específico de combustível na travagem. No entanto, muito pouco trabalho tem sido feito em misturas ternárias de biodiesel, bioálcool e petrodiesel. No seu presente trabalho, o investigador está a efetuar uma análise comparativa das caraterísticas de desempenho e de emissões de misturas ternárias de biodiesel de rícino-n-butanol-diesel e de biodiesel de rícino-n-butanol-diesel em várias proporções. O butanol provou ser um bioálcool de segunda geração devido ao elevado teor de carbono nas moléculas de álcool e à insolubilidade extremamente boa com outras misturas e com o gasóleo sem qualquer adição de co-solventes ou emulsionantes. A mistura ternária reduz grandemente a dependência de combustíveis fósseis , que se estão a esgotar rapidamente e a afetar o efeito de estufa, o ambiente e as alterações climáticas. Foi efectuada uma revisão da literatura dos últimos cinco anos, destacando as sequências de investigações realizadas a nível mundial. Os biocombustíveis são classificados em termos gerais como: Biodiesel e álcool

2.1 Biodiesel

Atualmente, o biodiesel, vulgarmente conhecido como gasóleo n.º 2, está a ganhar popularidade devido ao facto de ser um combustível biodegradável, não tóxico e amigo do ambiente, tendo também avançado da fase laboratorial para as fases iniciais de comercialização e devido às suas vantagens em relação ao gasóleo, que incluem um elevado índice de cetano, baixo teor de fumo e de partículas, baixas emissões de dióxido de carbono e de hidrocarbonetos. Num artigo sobre as normas ASTM propostas, o biodiesel foi definido pelo National Biodiesel Board como "os ésteres monoalquílicos de ácidos gordos de cadeia longa derivados de matérias-primas lipídicas renováveis, como óleos vegetais ou gorduras animais, para utilização em motores de ignição por compressão (diesel)". A principal desvantagem do óleo comestível ou não comestível como combustível é a sua elevada viscosidade e a produção de muito fumo devido à combustão incompleta, causando assim a colagem dos anéis do pistão e o desempenho do sistema de injeção devido à mistura ineficiente de óleo e ar.

2.1.1 Potencial do óleo vegetal como combustível para motores de combustão interna

O Dr. Rudolf Diesel, no ano de 1985, previu a utilização de óleo vegetal no motor de combustão interna num futuro próximo e, de facto, tentou utilizar óleo vegetal em 1885, aquando da experimentação do motor de combustão interna. No entanto, o óleo vegetal não foi considerado bem sucedido devido à sua elevada viscosidade, mas tem muito potencial se a viscosidade for reduzida através da refinação do óleo vegetal.

2.1.1.1 Conceito de óleo vegetal:

O conceito de utilização de óleo vegetal como combustível para motores a gasóleo remonta a 1885, quando o Dr. Rudolf Diesel, popularmente conhecido como o pai do motor a gasóleo que tem o seu nome, fez uma primeira tentativa de desenvolver um motor para funcionar com pó de carvão. Rudolf Diesel, popularmente conhecido como o pai do motor diesel que leva o seu nome, fez uma primeira tentativa de desenvolver um motor para funcionar com pó de carvão, mas mais tarde concebeu um motor diesel para funcionar com óleo vegetal com a ideia de que este seria mais popular entre os agricultores devido à disponibilidade imediata de combustível, com uma observação muito famosa: "O facto de se poderem utilizar óleos gordos de origem vegetal pode parecer insignificante hoje em dia, mas esses óleos podem talvez vir a ter, com o tempo, a mesma importância que têm atualmente alguns óleos minerais naturais e os produtos de alcatrão" (Armas, O. *et al*, 2011). Embora os motores a gasóleo com gasóleo de petróleo como combustível se tenham tornado a norma devido à sua maior eficiência térmica e à combustão pobre inerente ao combustível com uma libertação mínima de calor residual nas últimas três décadas, ultimamente as suas emissões de escape sob a forma de CO, N0x, opacidade do fumo e HC têm-se tornado uma grande preocupação por causarem poluição atmosférica e aquecimento global, criando assim um desequilíbrio no ambiente, tendo-se iniciado uma investigação extensiva no sentido de utilizar combustíveis limpos, o que nos faz lembrar as palavras do Dr. Rudolf Diesel sobre a utilização de óleo vegetal como combustível para motores a gasóleo.

2.1.1.2 Adequação do óleo vegetal como combustível para motores diesel:

Há dois parâmetros mais importantes que diferenciam os diferentes combustíveis: o índice de cetano e o poder calorífico. Mais de 350 culturas oleaginosas foram identificadas com base no índice de cetano e no poder calorífico, tendo-se verificado que são comparáveis ao gasóleo, mas, de entre estas, os óleos vegetais revestem-se de especial interesse devido à redução significativa das emissões de partículas em comparação com o gasóleo. Estudos recentes mostraram que não só o índice de cetano e o poder calorífico, mas também o teor e o tipo de aromáticos, o teor de enxofre, a densidade, etc., são factores importantes para o controlo das emissões (Babu, *et. al.*, 2012).

2.1.1.3 Rendimentos em óleo de culturas oleaginosas comuns:

A viabilidade comercial da utilização do biocombustível depende do custo envolvido na sementeira da cultura e da percentagem de rendimento da semente, bem como do custo de processamento da extração do óleo da semente. Os pormenores de várias culturas, com percentagem de rendimento, disponíveis para utilização como biocombustível alternativo são apresentados no quadro 2.1.

Quadro-2.1: Rendimentos em óleo de culturas oleaginosas comuns

Serial Number	Crop	Yield in kg oil/hectare
1	Corn (Maize)	145
2	Soybean	375
3	Linseed	402
4	Sunflower	800
5	Rapeseed	1000
6	Castor beans	1188
7	Jojoba	1528
8	Jatropha	1590
9	Coconut	2260

2.1.1.4 Transesterificação e sua necessidade

Gerhard, K. (2001) observou que, embora o óleo vegetal tenha vantagens inerentes a um ponto de inflamação mais elevado, um teor mínimo de aromáticos e enxofre e lubricidade, ainda não encontrou grande aceitação no mercado comercial devido à sua elevada viscosidade, ponto de fluidez mais elevado, índice de cetano mais baixo e valor calórico. Verificou-se que o óleo vegetal, quando utilizado diretamente, provoca o entupimento dos filtros e o arranque a frio, tendo sido igualmente assinalado um consumo específico mais elevado.

Ingle, S.S. *et. al.* (2014*)* estudaram que, devido à estrutura de hidrocarbonetos de cadeia longa dos óleos vegetais, estes têm boas propriedades de ignição, mas apresentam uma viscosidade mais elevada, o que provoca depósitos de carbono, formação de goma e uma eficiência térmica reduzida. Por conseguinte, não se recomenda a utilização direta de óleo vegetal puro.

No entanto, ainda possui um enorme potencial e o seu desempenho pode ser grandemente melhorado através do processo de transesterificação, que não é mais do que a transformação de óleo vegetal em biodiesel, também conhecido como éster alquílico de ácido gordo, através da reação química com metanol/etanol na presença de um catalisador como o NaoH, tornando-o assim a alternativa mais procurada para ser utilizada como um substituto do petro-diesel em motores a diesel. A reação seguinte demonstra o processo de reação:

$$\begin{array}{lccccc}
\text{CH2-COOR1} & & & \text{CH2OH} & & \text{R1COOR} \\
| & & & & & \\
\text{CH-COOR2} & + \; \text{3ROH} & \xrightarrow{\text{catalyst}} & \text{CHOH} & + & \text{R2COOR} \\
| & & & & & \\
\text{CH2-COOR3} & & & \text{CH2OH} & & \text{R3COOR} \\
 & & & & & \\
\text{Triglyceride} & + \; \text{Methanol} & \longrightarrow & \text{Glycerol} & + & \text{Biodiesel}
\end{array}$$

2.1.1.5 Processo de transesterificação

Verificou-se que os óleos comestíveis e não comestíveis contêm triglicéridos que são submetidos a uma reação química com metanol ou etanol para produzir biodiesel e um subproduto, o glicerol. Normalmente, a reação processa-se lentamente ou não se processa de todo, pelo que se adiciona hidróxido de sódio ou hidróxido de potássio como catalisador para acelerar a reação, uma vez que não é consumido durante a reação de transesterificação. É o método mais económico de produção de biodiesel a partir de óleos vegetais virgens, utilizando uma técnica catalisada por bases que produz 98% de conversão, enquanto os outros métodos que utilizam catalisadores ácidos são muito mais lentos e, por conseguinte, a técnica catalisada por bases é amplamente utilizada na produção comercial de biodiesel. A composição do ácido gordo do óleo de rícino que está a ser utilizado para o processo de transesterificação em biodiesel de rícino na nossa investigação experimental e as propriedades físicas e químicas do biodiesel de óleo de rícino em comparação com o gasóleo são apresentadas nas Tabelas 2.2 e 2.3

Tabela-2.2: Composição em ácidos gordos do óleo de rícino

Fatty acid	% content
Ricin oleic acid	90.2
Linoleic acid	4.4
Oleic acid	2.8
Stearic acid	0.9
Palmitic acid	0.7
Dihydroxy stearic acid	0,5
Licosanoic acid	0.3

Tabela 2.3: Propriedades físicas e químicas do óleo de rícino

Sr. No.	Physical / Chemical Properties	Units	Value
1	Melting point	°C	-10
2	Boiling point	°C(lit)	313
3	Density	g / mL at 25° C	0.995
4	Refractive index	n 20 / D 1.478 (lit)	
5	Flash point	°C	134
6	Water solubility	g / mL at 20° C	0.1 g / 100 mL
7	Freezing point	°C	-10

Quadro 2.4: Produção de sementes oleaginosas/óleos e disponibilidade interna líquida de óleos alimentares (Qtd. em Lakh toneladas)

Oilseeds/Oils	2012-2013		2013-2014	
	Oilseeds	Oils	Oilseeds	Oils
Groundnut	46.95	10.80	96.73	22.2
Rapeseed & Mustard	80.29	24.89	79.60	24.68
Soya bean	146.66	23.47	119.89	19.19
Sunflower	5.44	1.80	5.47	1.80
Sesamum	6.85	2.12	6.75	2.09
Niger seed	1.02	0.31	0.89	0.26
Castor	19.64	7.86	16.89	6.76
Linseed	1.49	0.45	1.43	0.43

Fonte: Governo da Índia, Ministério da Agricultura, Departamento de Agricultura e Cooperação, Direção de Economia, Nova Deli.

2.1.1.6 Propriedades físicas e químicas do biodiesel de rícino

Embora a transesterificação de óleos e gorduras tenha resultado na produção de monoésteres com viscosidade próxima da do gasóleo à base de petróleo, a contaminação com glicerina provoca um aumento da viscosidade e da tensão superficial do biodiesel, que é duas a três vezes superior à do gasóleo, causando emissões de N0x mais elevadas (Ingle, S. S. *et. al.* , 2014). Por conseguinte, é importante estudar os efeitos de várias propriedades físicas e químicas, como a viscosidade, o ponto de turvação, o ponto de inflamação, o índice de cetano, o índice de iodo, etc., do biodiesel no desempenho e nas caraterísticas de emissão dos motores de ignição por compressão.

2.1.1.6.1 Viscosidade cinemática:

A viscosidade, uma medida da resistência do fluido, é uma das propriedades mais importantes do biodiesel, uma vez que está diretamente relacionada com a fluidez. Quanto menor for a viscosidade, maior será a facilidade de deslocação. Foi observado experimentalmente que, nos motores diesel, o fluido viscoso conduz a uma atomização deficiente e ao estrangulamento dos injectores de combustível, resultando também numa pressão de injeção mais elevada devido à redução das perdas por fuga de combustível na bomba de combustível mecânica. Os óleos comestíveis e não comestíveis têm uma viscosidade cinemática mais elevada do que a do gasóleo, pelo que não podem ser utilizados diretamente nos motores de ignição por compressão, exceto com aquecimento prévio, uma vez que a viscosidade diminui exponencialmente com o aumento da temperatura. No entanto, o processo de transesterificação reduz consideravelmente a viscosidade cinemática para níveis comparáveis aos do gasóleo (mas ainda mais elevados). Por conseguinte, as suas misturas em várias proporções com o combustível para motores diesel produziram resultados encorajadores em termos de emissões de escape e caraterísticas de desempenho.

2.1.1.6.2 Índice de cetano

A propriedade mais proeminente e influente do combustível para motores diesel é o número de cetano (CN) sem dimensão. O número de cetano representa a capacidade de ignição do combustível e, quanto mais baixo for o número de cetano, maior será o atraso na ignição, conduzindo a uma fase de combustão abrupta e a uma maior radiação sonora da combustão, ao passo que um número de cetano mais elevado promove uma auto-ignição mais rápida do combustível, conduzindo assim a menores emissões de N0x. O tempo de ignição indica o tempo entre a injeção de combustível e o início da combustão e é mais predominante e crítico em condições de arranque a frio.

2.1.1.8.3 Densidade

Verificou-se que a densidade, definida como a massa por unidade de volume, do biodiesel é superior à do gasóleo, o que significa que a injeção de uma maior massa de biodiesel do que a do gasóleo convencional em bombas de combustível operadas volumetricamente pode afetar a relação ar/combustível e produzir uma temperatura local mais baixa dos gases e emissões de N0x, desde que o motor mantenha a calibração do gasóleo (Giakoumis, E.G. *et. al.*, 2013). No entanto, muitos investigadores preferem o termo adimensional gravidade específica (definido como o rácio entre a densidade da substância e a densidade da substância de referência, normalmente a água). **2.1.1.6.4 Valor calorífico**

O valor de aquecimento, uma medida do valor de aquecimento da combustão do combustível, é também uma propriedade influente, uma vez que representa a quantidade de combustão produzida após a auto-ignição da mistura de combustível. O biodiesel, vulgarmente conhecido como combustível oxigenado, contém, em média, 10-12 % de oxigénio (p/p), o que significa que é necessário injetar mais combustível para obter a mesma potência do motor que o gasóleo convencional, devido à sua menor densidade energética e valor calorífico, provocando assim maiores emissões de N0x. Após uma extensa revisão da literatura e experiências, observou-se e estabeleceu-se que a utilização de biodiesel e de biocombustíveis produz emissões mais baixas de partículas e de opacidade dos fumos devido ao teor mais elevado de oxigénio dos combustíveis biodegradáveis e das misturas com gasóleo.

2.1.1.6.5 Ponto de inflamação

O ponto de inflamação, uma medida da temperatura mínima à qual o combustível se inflama, é inversamente proporcional à volatilidade do combustível e é um parâmetro importante para a segurança, o transporte e o manuseamento adequados do combustível. Verifica-se que o ponto de inflamação do biodiesel é mais elevado do que o do petrodiesel e, por conseguinte, menos inflamável, diminuindo o risco de incêndio. No entanto, apesar de um ponto de inflamação mais elevado, tem uma estabilidade à oxidação pior do que o gasóleo, o que o torna vulnerável à deterioração em caso de armazenamento prolongado devido à oxidação na presença de ar.

2.1.1.6.6 Nuvem e ponto de escoamento

Uma vez que o combustível é utilizado universalmente onde existem diferentes condições topográficas e climatéricas, é importante que satisfaça essas condições. Por conseguinte, tem de satisfazer dois critérios importantes, nomeadamente o ponto de turvação e o ponto de fluidez, que são utilizados para especificar a capacidade de utilização dos combustíveis a frio. O ponto frio indica a temperatura mínima a que o combustível começa a formar cristais e, com a diminuição da temperatura, forma um gel que provoca fluidez, ao passo que o ponto de escoamento representa a temperatura mínima a que o combustível flui e ambas devem ser suficientemente baixas para que o combustível tenha um desempenho satisfatório. Contudo, os pontos de turvação e de fluidez do biodiesel são superiores aos do gasóleo. O ponto de turvação e o ponto de fluidez do gasóleo são, respetivamente, 4^{0}C e -4^{0}C, o que o torna mais adequado para condições climáticas frias.

2.2 Justificação para a utilização do motor de IC e papel da mecatrónica

Os motores de ignição por compressão são máquinas que geram potência através da conversão da energia térmica desenvolvida devido à combustão do combustível e do ar sob alta pressão e temperatura em potência mecânica que, por sua vez, é amplamente utilizada nos sectores da energia e dos transportes. Inicialmente, os motores C I foram definidos como máquinas constituídas basicamente por dois mecanismos, nomeadamente a cambota e a árvore de cames, e cinco sistemas que incluem o sistema de alimentação de combustível e de ar. Sistema de ignição, sistema de arrefecimento, sistema de escape e sistemas de lubrificação montados no bloco do motor, no cárter e na cabeça do cilindro. No entanto, nas últimas duas a três décadas, verificaram-se desenvolvimentos e melhorias tecnológicas consideráveis (engenharia humana), tendo em conta os regulamentos rigorosos de controlo das emissões, uma maior eficiência do combustível e o conforto do cliente, o que exigiu a integração de sistemas electrónicos, sistemas eléctricos e microcontroladores, que são os ingredientes básicos da mecatrónica. No entanto, a evolução pormenorizada dos motores IP para a mecatrónica foi explicada no capítulo 4: "Métodos e materiais".

2.3 Conclusões da análise da literatura

A literatura dos últimos cinco anos foi revista e analisada e constatou-se que os combustíveis fósseis convencionais não podem cumprir as normas de risco ambiental e de saúde/normas fixadas pelos vários governos mundiais devido ao aquecimento global e à poluição. A extensa revisão da literatura também abordou os vários combustíveis alternativos utilizados diretamente ou em misturas com diesel em várias pesquisas e experimentos realizados pelos pesquisadores. Os resultados destas investigações e experiências em termos de parâmetros de desempenho e emissões de escape (sem qualquer modificação nos motores existentes e comprometendo a potência de travagem) provaram conclusivamente a utilidade dos combustíveis alternativos, nomeadamente o biodiesel e os bioálcoois. No entanto, a maioria dos estudos foi efectuada com misturas binárias de biodiesel ou de álcool com gasóleo. Muito pouco trabalho foi feito sobre a mistura ternária de biodiesel, álcool e gasóleo. Tendo isto em conta, o investigador está a realizar experiências sobre a mistura ternária de biodiesel de rícino, n-butanol e gasóleo em várias misturas. A razão de ser da escolha do biodiesel de rícino e do n-butanol foi explicada em pormenor na introdução. O capítulo 3 seguinte trata dos materiais e métodos em que a metodologia pormenorizada foi explicada.

Capítulo 3

Material e métodos

A metodologia de investigação seguida na realização do estudo experimental, juntamente com os pormenores do equipamento utilizado para a medição de vários parâmetros, foi explicada neste capítulo.

3.1 Mecatrónica - uma oportunidade

O nome mecatrónica foi cunhado por Ko Kikuchi, atualmente Presidente da Yasakawa Electric Co, Tóquio-Japão, e a palavra mecatrónica é composta por Mecha, de mecânica, e Tronics, de eletrónica.

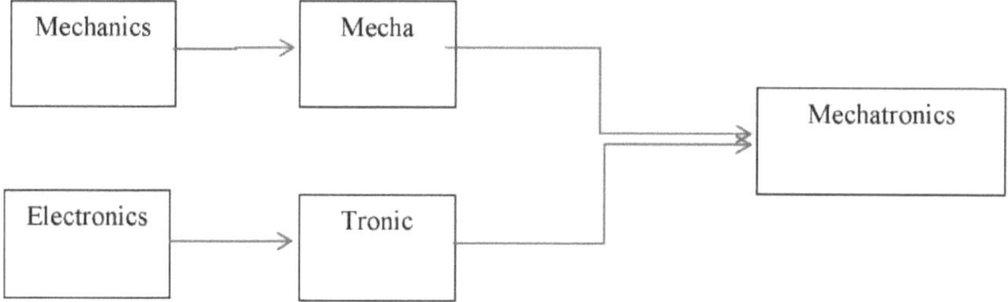

Figura 3.1: Diagrama de blocos do conceito de Mecatrónica

A mecatrónica não é apenas uma integração de funções de engenharia interdisciplinares, mas uma oportunidade para humanizar as máquinas, mudar a mentalidade das pessoas em relação à sua abordagem das questões tecnológicas e, sobretudo, para adquirir novas competências técnicas. Trata-se, sobretudo, de um sistema de controlo. No sistema mecatrónico, as quatro funções de engenharia, nomeadamente mecânica, eléctrica, eletrónica e informática, são integradas em todo o processo de conceção, de modo a que o produto final seja melhor do que a soma das suas partes.

A mecatrónica é definida como a integração sinérgica de sensores, actuadores e algoritmos de controlo, eletrónica e sistema de aquisição de dados utilizando microprocessadores e microcontroladores para gerir as complexidades do sistema global de engenharia.

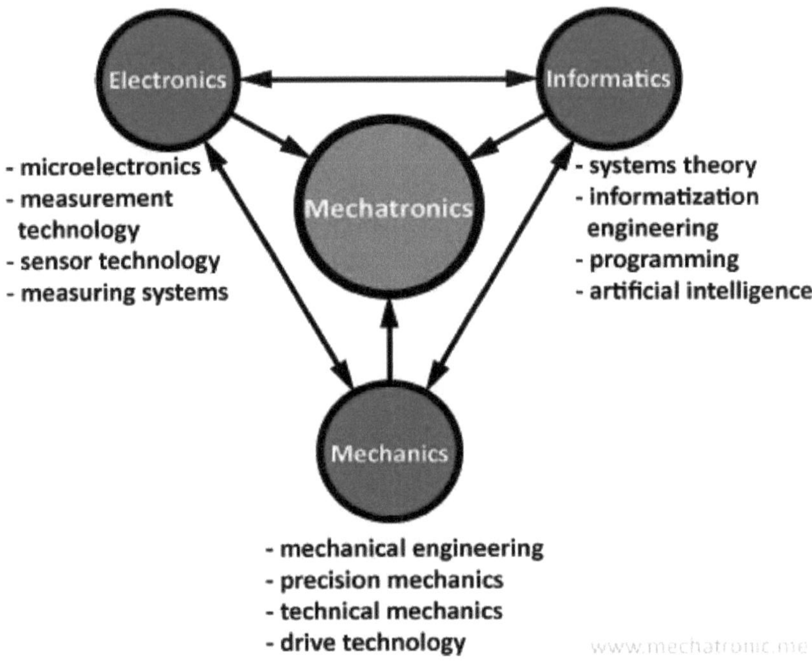

Figura 3.2: Integração das funções de engenharia na mecatrónica

3.2 Mecatrónica no motor de ignição por compressão

A necessidade de uma maior economia de combustível e de menores emissões de gases de escape, sem sacrificar a potência do motor e o espaço confortável do veículo, motivou e levou os engenheiros a procurar uma conceção melhorada do motor em termos de sistema de gestão do ar (turbo de taxa variável), sistema sofisticado de injeção de combustível, dispositivos de pós-tratamento (para NO_x e partículas) e controlos electrónicos (Armas, O. *et. al.* 2011). Em consequência, tem sido utilizada a mais recente tecnologia avançada de injeção de combustível em motores de ignição por compressão, conhecida como "Common Rail Diret Injection'(CRDI)em que a combustão tem lugar diretamente na câmara de combustão principal, localizada numa cavidade no topo da coroa do pistão, o que permite superar as deficiências dos motores diesel convencionais, reinventando assim o motor diesel, outrora ruidoso e pegajoso, num motor diesel com um desempenho melhorado em termos de eficiência de combustível e de emissões de escape, sem sacrificar a potência do motor. Isto foi possível graças à utilização de uma unidade de controlo eletrónico (ECU), um componente básico da mecatrónica, que processa os vários sinais de entrada recebidos através de sensores, nomeadamente a velocidade do motor, a carga, a temperatura do motor, etc., e, acima de tudo, reinventa o motor diesel, outrora ruidoso e malcheiroso, transformando-o num motor diesel tranquilo. Além disso, até mesmo um veículo terrestre híbrido que utiliza um motor de combustão interna e um motor elétrico para propulsionar o veículo é um bom exemplo da utilização da mecatrónica em motores de combustão interna. O diagrama de blocos de um controlador de gestão de motores e os sistemas de injeção de combustível common rail das figuras 3.3 e 3.4 são exemplos flagrantes da utilização da mecatrónica em motores de ignição por compressão.

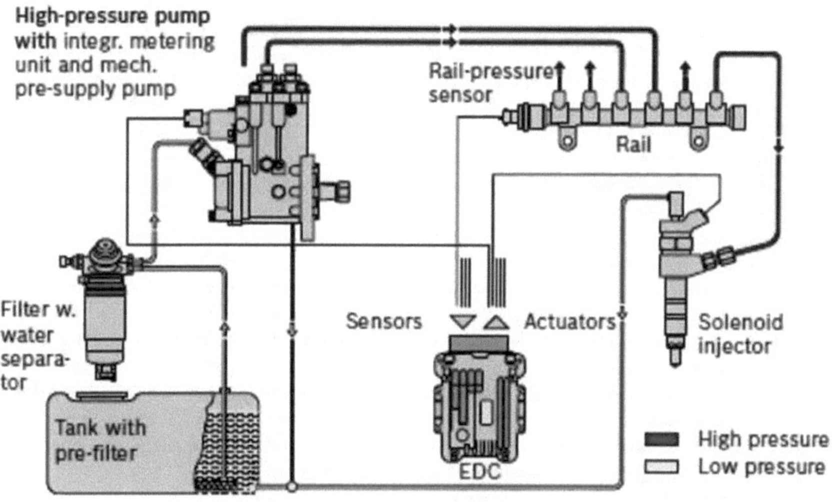

Figura 3.3: Um diagrama típico da utilização da mecatrónica no motor CI (cortesia da Bosch)

O desempenho do motor de combustão interna, nomeadamente a eficiência do combustível e as emissões de gases de escape, é grandemente afetado pela regulação da velocidade, pela relação de carga adequada, pela regulação correta da ignição, pela regulação das válvulas, etc. O diagrama de blocos que se segue explica os efeitos destes parâmetros de entrada e a forma como são condicionados pelo microcontrolador programado para obter o resultado desejado.

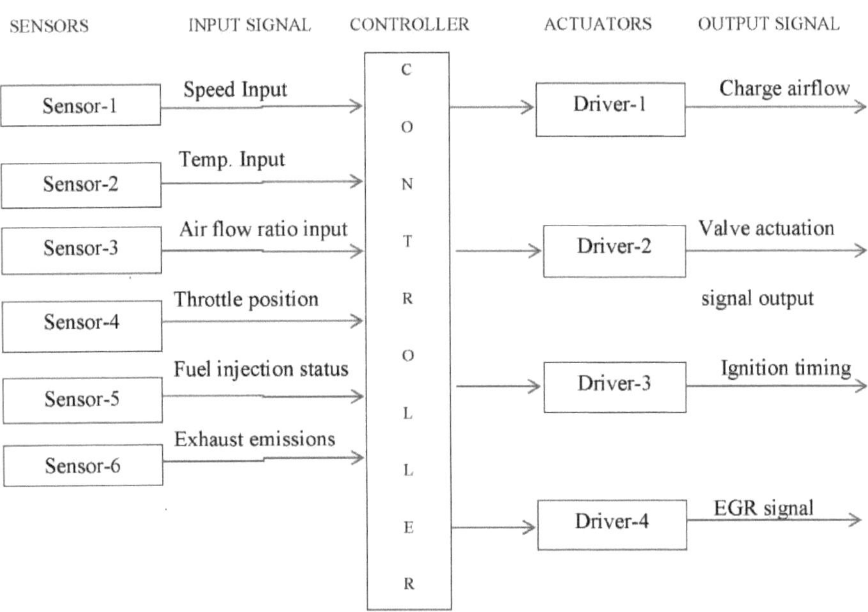

Figura 3.4: Diagrama de blocos de um controlador de gestão do motor

No motor convencional, a velocidade é regulada pela válvula de estrangulamento ligada a um mecanismo regulador acionado pela cambota, ao passo que, na abordagem mecatrónica, o sensor de fluxo de ar do motor é processado por um microprocessador para acionar a injeção de combustível, como se explica na comparação seguinte.

3.3 Comparação entre a abordagem mecatrónica e a abordagem convencional na gestão do motor.

A comparação entre a abordagem mecatrónica e a abordagem convencional na gestão de motores foi considerada extremamente útil na conceção de uma nova técnica para satisfazer os requisitos do cliente com o objetivo de o satisfazer. A comparação entre a abordagem mecatrónica e a abordagem convencional na gestão de motores é apresentada no quadro 3.1

Quadro 3.1 Comparação entre a abordagem mecatrónica e a abordagem convencional na gestão do motor

Sr. No.	Mechatronic Approach	Conventional Approach
1	**Speed regulation:** Based on input signals from the speed sensor, temperature sensor and hot wire sensor of air flow rate, speed is either increased or decreased by opening of throttle valve controlled by signal from microprocessor controller.	**Speed control:** The governor actuated by the speed of crank shaft regulates the opening and closing of a throttle valve through a lever attached to it. However, speed control has no bearing on the temperature of engine and the air flow rate.
2	**Valve actuation:** Opening and closing of inlet and exhaust valve at the appropriate time is effected by the signal from the controller to the valve actuator through a timing sequence control programme installed in the controller.	**Valve actuation:** The cam-operated rocket arm mechanism controls the opening and closing of valve while the cam rotates in respect to the rotation of crank shaft.
3	**Spark timing:** The spark plugs are made to produce sparks at the appropriate time by the supply of current from an ignition coil that receive output signal from controller that controls through a timing sequence.	**Spark timing:** The ignition coils are activated to produce sparks in the spark plugs at the end of compression stroke and are produced at constant interval in the system.
4	**Exhaust:** The oxygen sensor identifies the presence of oxygen ions in the exhaust and microprocessor decides on recirculation for better efficiency.	**Exhaust:** The exhausts are utilized to preheat the air for turbo action.

Os seguintes avanços estão a ser investigados a vários níveis pelos investigadores em todo o mundo, tornando os motores de combustão interna os motores mais leves, tornando assim os veículos mais leves, mais seguros, mais baratos e mais eficientes em termos de combustível:

> Desenvolvimento de um sistema eletrónico que substituirá com segurança e eficácia o sistema

hidráulico e as aplicações mecânicas

> Sistema de controlo eletrónico altamente fiável e tolerante a falhas e sistema X-by-wire que não dependem de sistemas mecânicos e hidráulicos convencionais

> O aumento da procura de energia levou ao desenvolvimento de um sistema automóvel de 42 V

> O sistema X-by-wire apresenta uma interação dinâmica entre os elementos do sistema

> Substituição de um sistema mecânico rígido por um sistema eletrónico dinamicamente configurável

3.4 Equipamento de ensaio experimental

A experiência foi realizada num motor diesel de injeção direta, monocilíndrico, a quatro tempos, arrefecido a ar, com 8,5 CV, 6,25 KW de potência nominal e 1500 RPM. O diagrama seguinte mostra o sistema experimental

O equipamento de teste que foi utilizado para a experimentação.

Figura 3.5 Equipamento de ensaio experimental

3.4.1 Especificações do motor

Quadro 3.2 Especificações do motor

Sr. No.	Particulars	Unit	Dimension
1	Number of cylinders		1
2	Bore * Stroke	mm	95*110
3	Cubic capacity	Ltr.	0.78
4	Rated output as per IS: 11170	kW (hp)	5.9 (8)
5	Rated speed	rpm	1500
6	Torque at full load (crank shaft drive)	kN-m (kg-m)	0.038 (3.820)
7	Crank shaft center height	mm	203
8	Specific fuel consumption (sfc)	gm./hp-hr	195+5%
9	Lubricating oil consumption		0.8 % of sfc
10	Type of fuel injection		Direct
11	Overloading capacity of engine		10% of rated output
12	Governing		Class "B2"
13	Power take off		Flywheel end
14	Rotation while looking at the flywheel		Clock wise

3.5 Conclusões:

Neste capítulo, tentou-se apresentar conceitos inovadores e mais recentes de utilização da mecatrónica, tendo em conta a conclusão do processo de corte de garganta prevalecente no mercado, em que o cliente exige as mais recentes facilidades. Como resultado da mecatrónica, foi sugerida a utilização das mais recentes tecnologias do sistema de ejeção de combustível common rail, que não só ajuda a poupar combustível como também melhora o desempenho do motor.

O capítulo 4 seguinte trata da instrumentação utilizada para a medição do desempenho parâmetros, propriedades físicas e químicas e emissões de escape do motor.

Capítulo 4

Instrumentação

A instrumentação desempenha um papel muito importante na experimentação e a seleção e utilização adequadas da instrumentação validam o nosso trabalho de experimentação. Foram feitos esforços para utilizar a instrumentação mais recente para medir o desempenho e os parâmetros de emissão de gases de escape.

4.1 Medição dos parâmetros de desempenho

Nesta secção, a potência de saída é medida com a ajuda de um alternador que foi acoplado diretamente ao motor, aplicando uma carga resistiva em passos de 1 KW, variando de 1KW a 5KW.

4.1.1 Medição da potência de travagem

A potência de travagem é definida como a potência obtida no volante do motor e é medida em kW com a ajuda de um alternador (CA) acoplado ao motor.

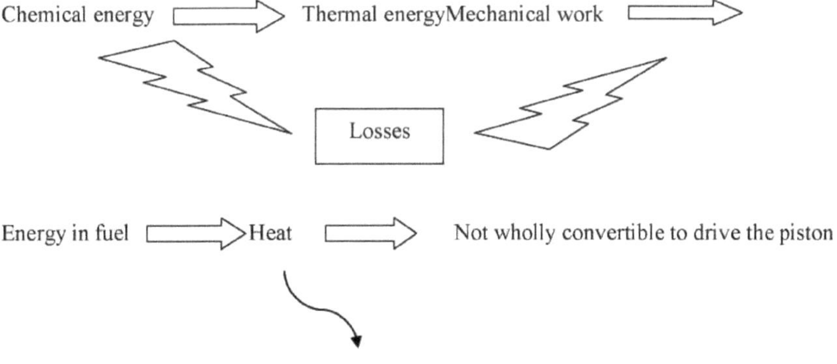

o O restante é convertido em potência (para acionar o pistão) e esta é a potência indicada

Transmission loss (from piston to crank shaft via connecting rod)

Friction lossf_p

Pumping loss

Indicated power ———— Friction power ===== Brake power

o A potência de travagem é sempre inferior à potência indicada devido a perdas por fricção

$$\text{Brake Power} = \frac{VXI}{\eta g \times 1000} KW$$

Em que V é a leitura do voltímetro medida em Volts

I é a leitura do amperímetro medida em ampères.

pg é a eficiência do alternador na conversão de energia mecânica em energia eléctrica

e é considerado como 0,88 aproximadamente para efeitos de cálculo.

A experiência é efectuada em vazio, com cargas resistivas de 30%, 60% e 90%. As leituras dos voltímetros e amperímetros instalados no painel de controlo são feitas e a potência de travagem é calculada pelas fórmulas acima indicadas.

4.1.2 Consumo específico de combustível no travão (bsfc)

O consumo específico de combustível ao travão, o parâmetro mais utilizado para comparar o desempenho dos motores diesel, é definido como a quantidade de combustível consumida por cada unidade de potência de travagem desenvolvida por hora e é uma indicação clara da eficiência com que o motor desenvolve a potência a partir do combustível.

Consumo específico de combustível na travagem $BSFC = \frac{Mf}{BP}$

Em que Mf é o caudal mássico de combustível consumido por cada unidade de potência de travagem por hora, que

BP é a potência de travagem medida no veio em kW

4.1.3 Consumo de energia específico dos travões (bsec)

O consumo específico de energia na travagem (bsec) é definido como a relação entre a energia obtida pela queima de combustível durante uma hora e a energia real ou potência de travagem disponível nas rodas e não tem dimensões. Indica a eficácia com que a potência de travagem ou a energia obtida pela queima de combustível chega às rodas. Os termos bsfcrepresenta a quantidade de combustível consumido por unidade de potência de travagem, enquantobsecrepresenta os joules de energia fornecidos pela queima dessa quantidade de combustível por potência de travagem, ou seja, um fala da quantidade de combustível enquanto o outro fala da quantidade de energia e é definido pela seguinte equação

BSEC = BSFC x LCV, em que LCV é o chamado poder calorífico inferior

4.1.4Eficiência térmica do travão

A eficiência térmica é a medida da eficiência e da plenitude da combustão do combustível ou, mais precisamente, a relação entre o trabalho efectuado pela substância de trabalho e a entrada de calor ou energia térmica fornecida pelo combustível durante o mesmo tempo. Se todo o calor introduzido fosse convertido em calor produzido, a eficiência seria de 100 %, o que não é possível em condições reais devido às perdas de calor. Por conseguinte, a eficiência térmica do travão é utilizada para comparação, sendo definida como o rácio entre a potência de travagem e a entrada de calor e é normalmente utilizada como parâmetro de desempenho para comparar o desempenho dos motores diesel.

$$\text{Brake thermal efficiency (bte)} = \frac{\text{BP (kW)} \times 60}{M_f \times \text{Calorific value}}$$

4.1.5Temperatura dos gases de escape

A seguir à pressão do óleo, a temperatura dos gases de escape (EGT) é o parâmetro de funcionamento mais crítico do motor diesel, porque uma EGT excessiva pode trazer muitos problemas, nomeadamente, durante o aquecimento excessivo, as peças caras no interior do motor ou ligadas a ele começam a soldar-se ou a desintegrar-se no tubo de escape. A temperatura de escape é medida à saída dos gases de escape do motor por um termopar (tipo K) que tem uma disposição para leitura digital.

4.2 Caraterísticas de emissão

As caraterísticas das emissões são os parâmetros mais críticos dos motores diesel, que se verificou serem os principais responsáveis pelo aquecimento global e pela poluição ambiental, cuja gravidade pode ser compreendida pelas doenças causadas, como se mostra no quadro 1.1. Por conseguinte, o objetivo do trabalho de investigação é procurar combustíveis biodegradáveis alternativos e ecológicos para cumprir os regulamentos rigorosos de controlo das emissões e para salvar o ambiente e o ser humano dos efeitos graves da poluição. Os parâmetros de emissão, nomeadamente o monóxido de carbono, o óxido de azoto e o azoto, serão medidos à saída dos gases de escape dos motores diesel. A seguinte equação química e de combustão ajuda a compreender as emissões de escape.

Combustível (hidrogénio, carbono, enxofre) + Ar (azoto, oxigénio) = Dióxido de carbono + vapor de água + oxigénio + monóxido de carbono + hidrocarbonetos + óxidos de azoto + óxidos de enxofre

4.2.1 Partículas/Emissão de opacidade do fumo

A gravidade da poluição causada pelo fumo obrigou o poder judicial a declarar que a população de Deli vive numa câmara de gás e o nevoeiro contínuo causado pelo smog é o exemplo flagrante da poluição causada pelas emissões de escape dos motores diesel e obrigou o Governo de Deli a adotar medidas rigorosas, incluindo a restrição da circulação de automóveis e camiões.Devido à presença de partículas de carbono formadas durante o processo de combustão, que provocam a opacidade dos fumos e são um indicador indireto da fuligem, a opacidade dos fumos é medida por um monitor de gases de escape para automóveis, modelo OMS 103, devidamente certificado pela ARAI, cujas especificações são indicadas no quadro 4.1 e o instrumento é apresentado na figura 4.1.

Figura 4.1: Medidor de fumos modelo OMS103

Quadro 4.1: Especificação do contador de fumos

Sr. No.	Particulars	Specifications
1	Principle of operation	Attenuation of light beam
2	Smoke measuring cell	215 mm
3	Measurement	Smoke density in HSU & K; RPM & Oil temperature
4	Range	HSU; 0 to 99.9 & k; 0 to ∞, RPM; 0 – 6000, Oil temperature; 0- 150 °C
5	Resolution	HSU; 0 – 1% & K; 0.01 m^{-1}, RPM; 1 (for piezo), 10(for battery) and Oil temperature; 1 °C
6	Accuracy	Opacity K; ± 0.1 m^{-1} RPM; ±20 (Abs.) or ±2 %(Rel.) and Oil temperature; ± 2^{0C}
7	Light source and detector	LED and photocell

4.2.2Monóxido de carbono (CO)

Óxido de carbono (CO), concentração em percentagem de escape do total de combustível injetado = combustível parcialmente queimado. Implica que a combustão é incompleta, pelo que se forma CO nos cilindros e indica excesso de combustível. Por conseguinte, teores excessivos de CO reflectem uma mistura demasiado rica de combustível e ar. Teoricamente, o CO deveria ter-se transformado em CO_2, mas em condições reais isso não acontece, pois não tem tempo nem oxigénio suficiente para se transformar em CO2 real e, em vez disso, esgota-se como CO. Mas devemos lembrar-nos que o CO é um gás inodoro altamente venenoso.

4.2.3 Hidrocarbonetos

Hidrocarbonetos (HC), medidos em partes por milhão (ppm) = Combustível não queimado resultante de uma combustão incompleta e que se escapa pelo escape. Trata-se de um mal necessário e não pode ser completamente eliminado. Por conseguinte, deve ser mantido o mais baixo possível e uma relação aproximada entre a percentagem de combustível desperdiçado devido a combustão incompleta e o ppm de HC é de cerca de 1/200 (1,0 combustível parcialmente queimado produz 200 ppm de HC).

4.2.4 Óxidos de azoto (NOx)

Os óxidos de azoto (N0x) têm um comportamento oposto ao dos hidrocarbonetos e, à medida que a mistura se torna mais pobre, mais hidrocarbonetos serão queimados, ao passo que, a temperaturas e pressões mais elevadas na câmara de combustão durante a carga, haverá um excesso de oxigénio que reage com o azoto para formar óxidos de azoto. Aumenta proporcionalmente ao avanço da regulação da ignição, independentemente da relação ar/combustível. O N0x está relacionado com o sistema de desintoxicação dos gases de escape (em conjunto com o HC e o CO), o sistema de recirculação dos gases de escape (EGR). Neste sistema EGR, uma parte dos gases de escape inertes (processados) é devolvida ao motor para evitar o aumento da temperatura de combustão e a formação de óxidos de azoto devido à falta de moléculas de oxigénio. Trata-se de um gás e de um poluente atmosférico muito mortífero.

4.3Especificações dos analisadores de gases

Os parâmetros das emissões de escape são medidos com a ajuda de um analisador de gases cujas especificações são indicadas no quadro 4.2.

Quadro 4.2 Especificação dos analisadores de gases

S.No.	Particulars	Measuring Range
1	Make (HEPHZIBAH Co. Lmtd.)	Model HG 540
2	Measuring items	(1) HC, CO, CO_2 – NDIR (Non Dispersive Infra-Red) Method (2) O_2 –Electronic Chemical Method
3	Measuring Range	(1) HC (0- 15000 PPM with 1PPM resolution) (2) CO (0-.000-9.999% with 0.001% resolution) (3) CO_2 (0-20% with 0.01% resolution) (4) O_2 (0-25% with 0.01% resolution)
4	Repeatability	(1) < ±2% FS (2) <= 0.2% FS for O_2
5	Response Time	Within 10 seconds and with in 20 seconds for O_2

Figura 4.2 Analisador de gases HG540

4.4 Conclusões

As misturas ternárias de biodiesel de rícino, n-butonol e gasóleo foram preparadas no laboratório CSIO de Ludhiana. O biodiesel foi preparado a partir de óleo de rícino, cujo método de preparação e equipamento utilizado foram explicados neste capítulo. Todas as propriedades físicas e químicas das misturas foram calculadas no laboratório CSIO.

No próximo capítulo, serão efectuadas experiências no banco de ensaio experimental utilizando o gasóleo de base e as misturas ternárias.

Capítulo 5

Experimentação

Foram seguidos os seguintes passos durante a realização da experiência.

5.1 Matriz de teste

Foi elaborada uma matriz de ensaio que indica o calendário de experimentação e os parâmetros a medir, a qual é apresentada no Quadro 5.1.

Tabela 5.1 TestMatrix

Sr. No.	Engine operating parameters	Dependable variables
1	Engine performance from 0 to 100 % load	Brake power (BP), Brake thermal efficiency (BTE)and Brake specific fuel consumption (BSFC)
2	Engine emission characteristics	Carbon monoxides (CO), Hydrocarbon (HC), Oxygen(O_2), carbon dioxide (CO_2) and Smoke opacity

5.2 Funcionamento em estado estacionário

O motor foi ligado com gasóleo puro como combustível em condições de vazio e foi deixado a funcionar durante cerca de meia hora até atingir as condições de estado estacionário. Esta operação em estado estacionário foi repetida sempre que os combustíveis foram alterados de gasóleo puro para várias misturas de biodiesel de rícino, n-butanol e gasóleo.

5.3 Cargas resistivas e registo de parâmetros

Foram aplicadas gradualmente cargas resistivas de 0 a 5 KW em passos de 1 KW, mantendo a velocidade dentro da gama admissível. Os parâmetros de desempenho e de emissão de gases de escape do motor, tal como mencionado na matriz de ensaio, foram registados a partir do voltímetro, amperímetro, e analisadores de gases montados no painel de controlo. O consumo de combustível foi medido com a ajuda de um aparelho de medição de combustível e o tempo decorrido para o consumo de combustível foi medido com um cronómetro. As várias misturas de biodiesel de óleo de rícino e de n-butanol com gasóleo como combustíveis foram ensaiadas uma a uma no mesmo motor da mesma forma que a descrita acima:

(1) CBO BUO D100

(2) CBO5 BUO5 D90

(3) CB1O BU1O D80

(4) CB15 BU15 D70

(5) CB2O BU2O D60

(6) CB25 BU25 D50

5.4 Preparação do biodiesel e medição das propriedades físicas e químicas

A viscosidade e a densidade do combustível são as propriedades mais importantes quando utilizado em motores. Como já foi mencionado, embora os óleos vegetais possam ser utilizados diretamente como combustível alternativo ao gasóleo nos motores diesel para reduzir as emissões de escape nocivas, a sua viscosidade e densidade mais elevadas limitaram a sua utilização comercial devido ao facto de se ter verificado que o óleo vegetal puro provoca gomas, estrangulamento do sistema de injeção, menor eficiência térmica e depósito de carbono devido à longa estrutura de hidrocarbonetos. No entanto, verificou-se que o óleo vegetal, após uma reação química conhecida como transesterificação, pode ser utilizado como biodiesel a 100% ou em misturas com diesel em motores diesel sem qualquer modificação dos motores. O biodiesel é não tóxico, biodegradável, isento de enxofre e de compostos aromáticos e, acima de tudo, simples de utilizar. De todos os métodos de redução da viscosidade, verificou-se que o processo de transesterificação produz bons resultados e está a ser utilizado comercialmente na produção de biodiesel a partir de óleo vegetal.

A transterificação é definida como o processo químico de reação do óleo vegetal, um triglicérido, com um álcool na presença de um catalisador para produzir glicerol e éster gordo. Neste processo, os ácidos gordos do óleo vegetal trocam de lugar com os grupos (OH) do álcool, produzindo glicerol e ésteres metílicos, etílicos ou butílicos, dependendo do tipo de álcool utilizado (ver Figura 5.1).

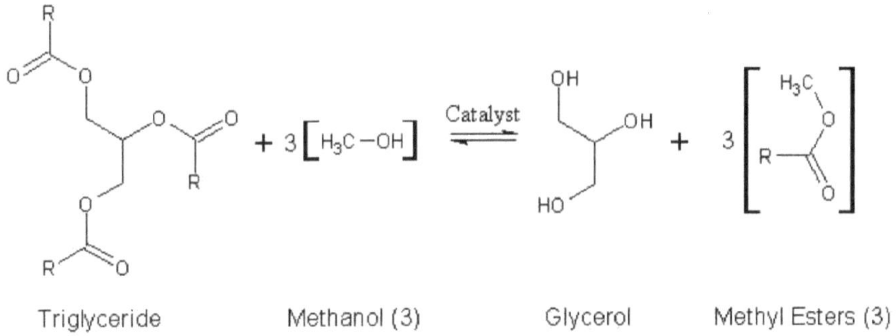

Triglyceride + 3 [H_3C-OH] —Catalyst⇌ Glycerol + 3 [Methyl Esters]

Triglyceride Methanol (3) Glycerol Methyl Esters (3)

Figura 5.1: Reacções de transesterificação para a produção de biodiesel

5.4.1 Materiais necessários para a preparação do biodiesel

> Frasco cónico

> Cilindro de medição

> Metanol

> Termómetro

> Óleo de rícino

> Funil de separação

> Água destilada

> Placa de aquecimento com agitador de água para banho quente

Os materiais necessários para a preparação do biodiesel são apresentados nas Figuras 5.2-5.5.

Figura 5.2: Transterıficatıon no agitador de água em banho quente

Figura 5.3: Agitadores de banho de água quente

Figura 5.4: Separação em ampola de decantação

Figura 5.5: Lavagem do bio-diesel até a camada inferior ficar cristalina

Durante a agitação, o frasco cónico foi coberto com folha de alumínio durante todo o processo de reação e, para evitar a saponificação, não foi adicionada água.

5.4.2 Parâmetros de processo normalizados para a produção de biodiesel a partir de Óleo de rícino

Os pormenores dos parâmetros de processo normalizados seguidos para a produção de biodiesel a partir de

O óleo de rícino é apresentado na Tabela 5.2 e as misturas preparadas são apresentadas na Figura-5.6.

Tabela 5.2: Parâmetros de processo normalizados para a produção de biodiesel a partir de óleo de rícino

Sr.No.	Property	Castor Biodiesel
1	Preheating time in minutes	60
2	Preheating temperature in °C	60
3	Molar ratio	6:1
4	Catalyst type	KOH
5	Catalyst concentration in %	1.5
6	Reaction time in minutes	45
7	Reaction temperature in °C	60
8	Settling time in hours	2

5.4.3 Formação de misturas

As misturas ternárias de biodiesel de rícino-N-butanol-diesel foram preparadas e os pormenores das misturas são apresentados na Tabela 5.3.

Tabela 5.3: Misturas de biodiesel de rícino-n-butanol-diesel

S. No.	Blend	Castor biodiesel	% by volume	n-Butanol	% by volume	Diesel in % by volume
1	CB0BU0	CB	0	BU	0	100
2	CB05BU05	CB	05	BU	05	90
3	CB10BU10	CB	10	BU	10	80
4	CB15BU15	CB	15	BU	15	70
5	CB20BU20	CB	20	BU	20	60
6	CB25BU25	CB	25	BU	25	50

Figura 5.6: Visualização das misturas

5.4.4 Propriedades físicas e químicas do biodiesel de rícino e do n-butanol com misturas de gasóleo

As propriedades físicas e químicas do combustível desempenham um papel crucial no funcionamento dos motores diesel, uma vez que afectam as seguintes: e são apresentadas no quadro

> Formação de goma

> Depósitos de carbono

> Eficiência térmica dos travões

> Funcionamento do sistema de injeção

> A fluidez (viscosidade) do combustível afecta o estrangulamento dos bicos injetores

> Sistema de ignição, etc.

Tendo em conta o que precede, tornou-se, por conseguinte, importante analisar e compreender os efeitos das propriedades físicas e químicas das misturas de combustíveis no funcionamento dos motores a gasóleo, que são apresentados no Quadro 5.4.

Tabela 5.4: Comparação das propriedades do combustível de várias misturas de biodiesel produzido a partir de óleo de rícino e n-butanol com gasóleo.

Fuel property	Diesel	BIS Standard	Castor biodiesel (CB100)	CB5BU5D90	CB10BU10D80	CB15BU15D70	CB20BU20D60	CB25BU25D50
Relative density	0.839	0.87-0.90	0.857	0.842	0.846	0.847	0.849	0.853
Kinematic viscosity(cS)	3.12	2.5-6.0	3.60	3.18	3.24	3.30	3.37	3.49
Heat of combustion (MJ/kg)	48.46	-	47.38	48.41	48.36	48.16	48.01	47.86
Cloud and pour point, °C	2.6, -2.0	-	-2.5,-6.5	2.4, -1.9	1.9, -1.7	1.5, -1.1	1.1, -0.2	0.7, 0.0
Flash and fire point, °C	54.3,59.4	>120	186.8, 192.3	87.12, 96.2	100.1, 106.5	124.0, 136.5	129.3, 137.0	136.2, 145.1
Carbon residue content (%)	0.16	< 0.50	0.33	0.19	0.26	0.29	0.29	0.31
Total acidity(mg of KOH)	0.22	< 0.50	0.23	0.22	0.22	0.22	0.22	0.22
Ash content (%)	0.0080	< 0.02	0.0082	0.0067	0.0073	0.0075	0.0079	0.0080

5.4.4.1Viscosidade cinemática

A viscosidade cinemática, definida como a resistência ao fluxo de um líquido devido à fricção interna entre o líquido e a superfície, afecta a fluidez do combustível que, por sua vez, afecta o bombeamento do combustível e o sistema de injeção. Verifica-se que a viscosidade do combustível alternativo e das suas misturas é superior à do gasóleo. A viscosidade das misturas de combustível foi medida pelo viscosímetro Redwood n.º 1 da marca WISWO (ver figuras 5.7 e 5.8).

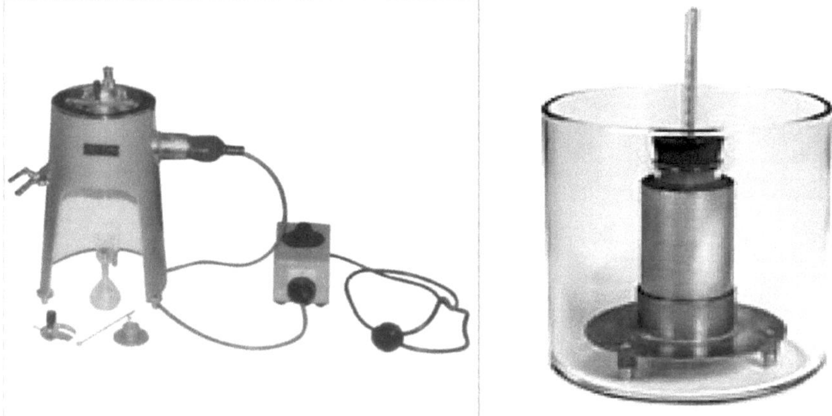

Figura 5.7: Viscosímetro Redwood. Figura 5.8: Conjunto de aparelhos de ponto de fluidez e de turvação

5.4.4.2 Nuvem e ponto de fluidez

O ponto de turvação refere-se à temperatura abaixo da qual se forma a cera no gasóleo e a biocera no biodiesel sob a forma de um aspeto turvo. A medida do ponto de turvação refere-se à adequação do combustível em climas frios, uma vez que a cera ou a biocera engrossam o óleo e entopem os filtros de combustível e as bombas de injeção.

5.4.4.3 Poder calorífico

O calor de combustão ou o poder calorífico de um combustível é uma medida importante do combustível, uma vez que é o calor produzido pela queima do combustível no motor que afecta diretamente a eficiência térmica do motor. O poder calorífico do combustível foi medido de acordo com a norma IS: 1448 [P: 6]: 1984com a ajuda de um Calorímetro Isotérmico de Bomba da Widson Scientific Works (ver Figura 5.9).

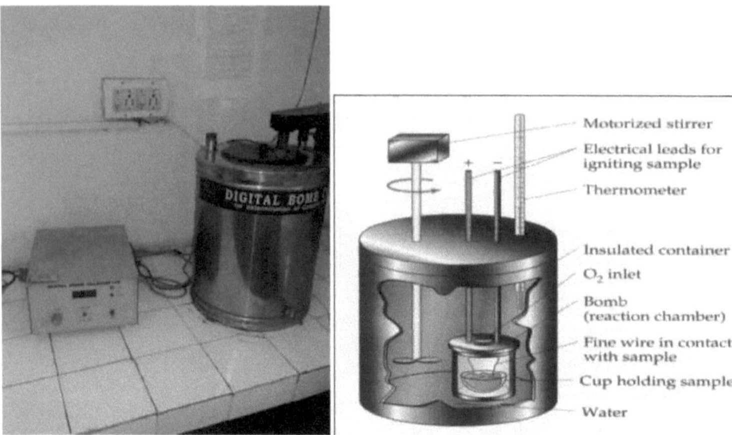

Figura 5.9: Calorímetro de bomba

5.5 Conclusões

A experimentação foi efectuada num equipamento de teste experimental que inclui um motor diesel, um alternador , um sistema de análise de gás e um sistema de abastecimento de combustível. A carga resistiva foi aplicada e as leituras do voltímetro e do amperímetro foram registadas, tendo sido analisadas para a preparação de gráficos e histogramas. O abastecimento de combustível foi medido utilizando um cronómetro, a partir do qual a quantidade de combustível foi calculada conforme necessário para o cálculo dos parâmetros de desempenho.

No próximo capítulo, resultados e discussão, serão analisados os dados registados na experimentação.

Capítulo 6

Resultados e discussões

Os resultados do estudo experimental efectuado no motor de ignição por compressão utilizando diesel de base e misturas ternárias de biodiesel de rícino, n-butanol e diesel são discutidos neste capítulo.

6.1 Análise do desempenho

Os parâmetros de desempenho são calculados utilizando as fórmulas explicadas no capítulo 4.

6.1.1 Potência de travagem

A partir das figuras 6.1 e 6.2, observa-se o seguinte

- A potência de travagem aumenta com o aumento da carga em relação ao gasóleo de base, devido ao seu índice de cetano e poder calorífico mais elevados.
- Com a adição de biodiesel de rícino e n-butanol, foi registada uma diminuição da potência de travagem. A potência de travagem máxima foi registada à carga máxima com a mistura CB5BU5, embora exista uma pequena diferença de 2,94 % na potência de travagem com misturas de CB5BU5 e CB10BU10.
- Em relação ao gasóleo de base, foi registada uma redução de 11,4% e 14% na potência de travagem com misturas ternárias de CB5BU5 e CB10BU10 devido a valores mais baixos de calor de combustão.
- Foi registada uma redução acentuada da potência de travagem em todas as cargas com uma percentagem mais elevada de misturas ternárias de biodiesel de rícino, n-butanol e gasóleo, devido a valores caloríficos mais baixos.
- Pode ser considerada uma mistura ternária óptima de CB5BU5, uma vez que é necessária uma

maior potência de travagem do que CB10BU10, embora haja uma poupança considerável em divisas para a importação de gasóleo de base com a mistura CB10BU10, uma vez que existe uma pequena diferença de 2,94% na potência de travagem entre as misturas CB5BU5 e CB10BU10.

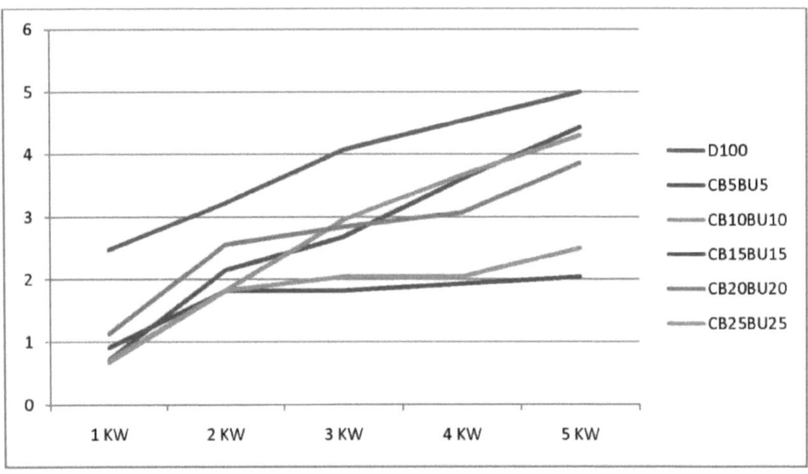

Figura 6.1: Potência de travagem (KW) versus carga (KW)

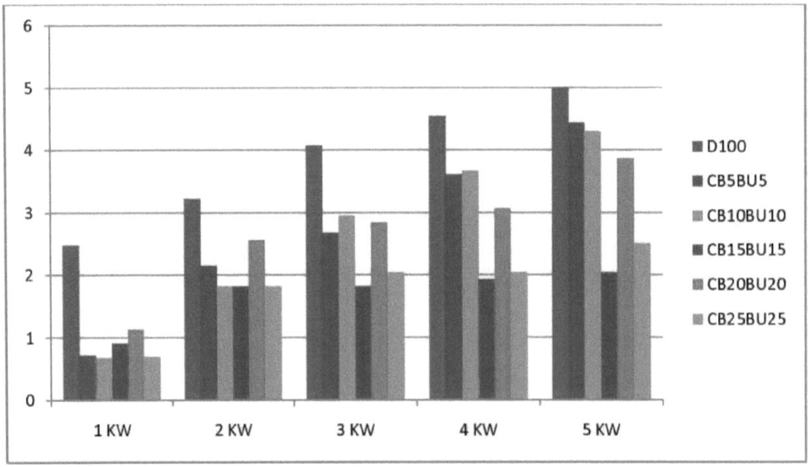

Figura 6.2: Potência de travagem (KW) versus carga (KW)

6.1.2 Eficiência térmica dos travões

A partir das Figuras 6.3 e 6.4, são apresentadas as seguintes observações:

> medida que a carga aumenta, a eficiência térmica do motor de ignição por compressão com gasóleo de base diminui devido ao teor de oxigénio do gasóleo de base.

> No entanto, verificou-se um aumento da eficiência térmica do travão, que é a relação entre a potência de saída do motor e o calor libertado durante a combustão do combustível, à medida que a carga aumenta nas misturas ternárias de CB5BU5, CB10BU10, CB20BU20 e CB25BU25, devido à melhoria da taxa de combustão, uma vez que a adição de biodiesel de rícino e de n-butanol (que são combustíveis oxigenados) ajuda a queimar completamente o combustível.

> A mistura ternária de CB5BU5 mostra um aumento consistente da eficiência térmica do travão em todas as cargas e é classificada como combustível ótimo.

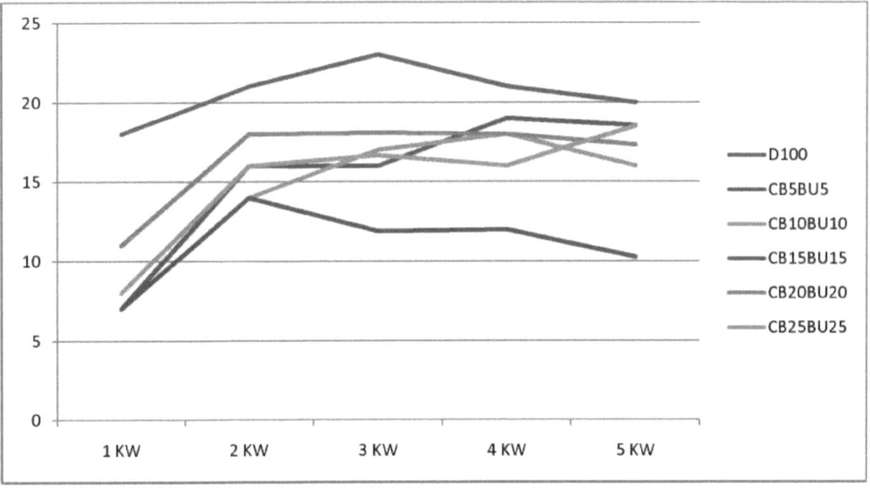

Figura 6.3: Eficiência térmica do travão (%) versus carga (KW)

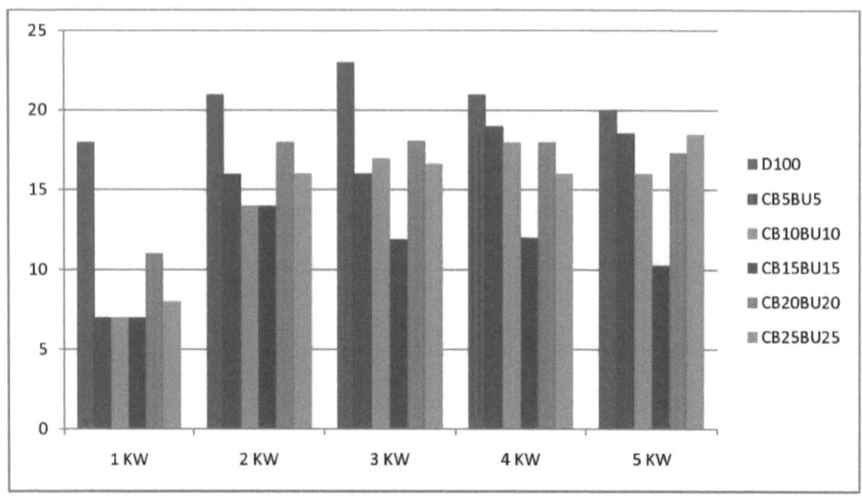

Figura 6.4: Eficiência térmica do travão (%) versus carga (KW)

6.1.3 Consumo específico de combustível no travão

A variação do consumo específico de combustível na travagem é apresentada nas figuras 6.5 e 6.6, que são descritas a seguir:

> O consumo específico de combustível na travagem em relação ao gasóleo de base diminui à medida que a carga aumenta até 3 kW, apresentando depois uma tendência crescente à medida que a carga aumenta, devido ao menor teor de oxigénio do gasóleo.

> A mistura ternária de CB5BU5 apresenta o menor consumo específico de combustível na travagem, em comparação com o gasóleo e outras misturas a cargas máximas, devido a uma melhor combustão de

combustível.

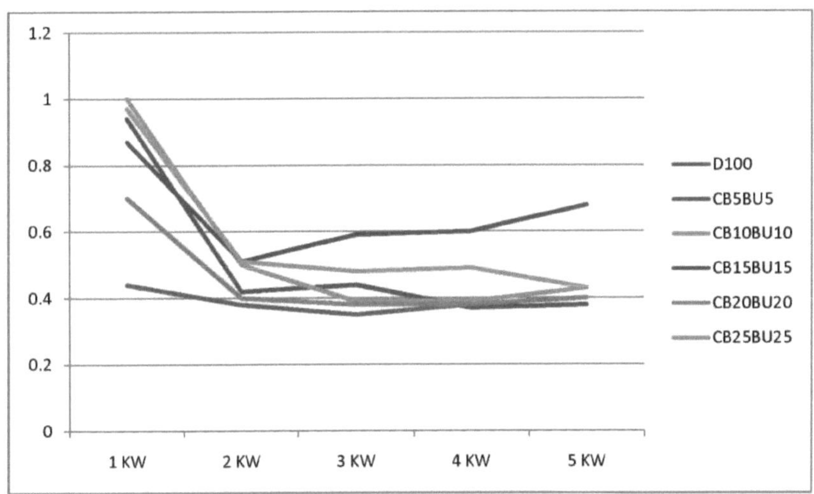

Figura 6.5: Consumo específico de combustível no travão em função da carga (KW)

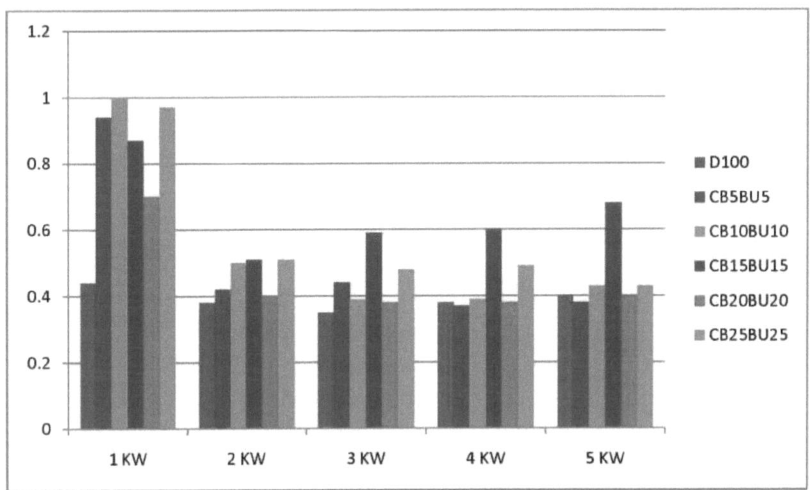

Figura 6.6: Consumo específico de combustível no travão em função da carga (KW)

6.1.4 Consumo específico de energia dos travões

O efeito da utilização do gasóleo de base e das misturas ternárias no consumo específico de energia na travagem é apresentado nas figuras 6.7 e 6.8 e as suas observações são explicadas a seguir:

> O consumo específico de energia na travagem (bsec) do gasóleo de base diminui à medida que a carga aumenta até 3 KW e depois aumenta ligeiramente à medida que a carga aumenta. A variação do bsec é pequena entre vazio e plena carga.

> No que respeita às misturas ternárias de CB10BU10, o bsec diminui à medida que a carga aumenta até à carga de 4 KW e depois aumenta ligeiramente a plena carga.

> No que respeita às misturas ternárias CB15BU15 e CB20BU20, o bsec diminui à medida que a carga aumenta até à carga de 2 KW e depois aumenta à medida que a carga aumenta.

> O efeito do bsec na mistura ternária de CB25BU25 não é uniforme.

> O consumo específico de energia na travagem mais baixo foi observado na mistura ternária de CB5BU5 a plena carga e mostrou consistência a cargas mais elevadas. Este facto confirma as nossas conclusões de que o CB5BU5 é a mistura ternária mais eficaz.

6.1.5 Pressão efectiva média do travão

A variação da pressão efectiva média do travão é mostrada nas figuras 6.9 e 6.10 e as observações são explicadas do seguinte modo

> Verifica-se uma tendência crescente da pressão efectiva média na travagem à medida que a carga aumenta no que respeita ao gasóleo de base e às misturas ternárias de CB5BU5, CB10BU10 e CB20BU20.

> No entanto, nas misturas CB15BU15 e CB25BU25, o aumento da pressão efectiva média no travão à medida que a carga aumenta é pequeno.

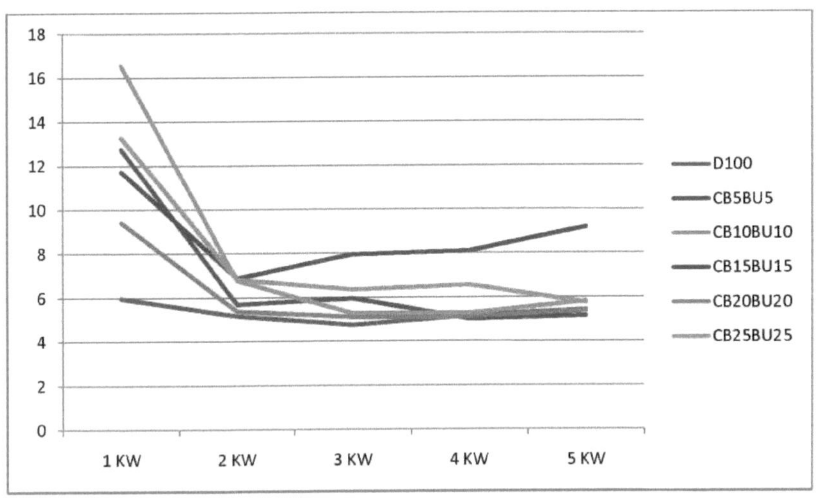

Figura 6.7: Consumo específico de energia no travão (bsec) em função da carga (KW)

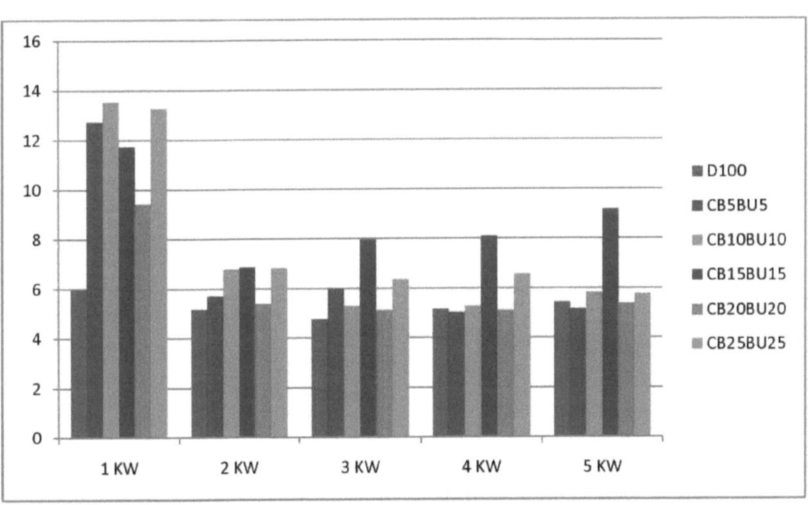

Figura 6:8 Consumo específico de energia na travagem (bsec) em função da carga (KW)

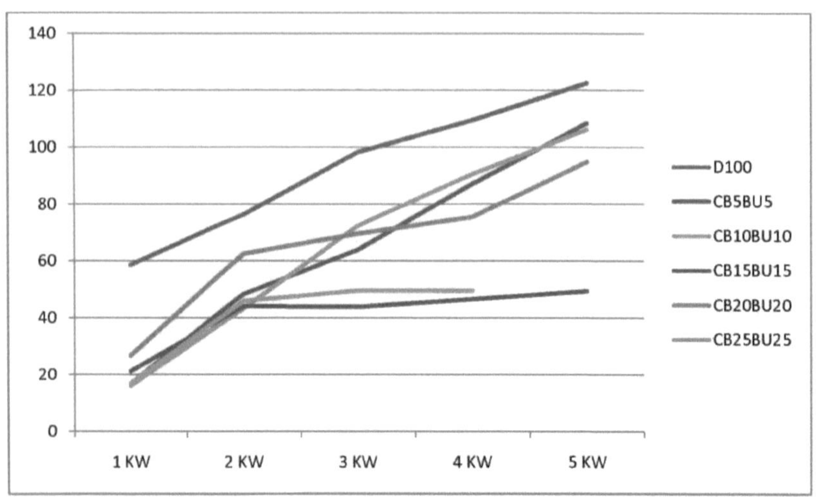

Figura 6.9: Pressão efectiva média do travão (KPa) em função da carga (KW)

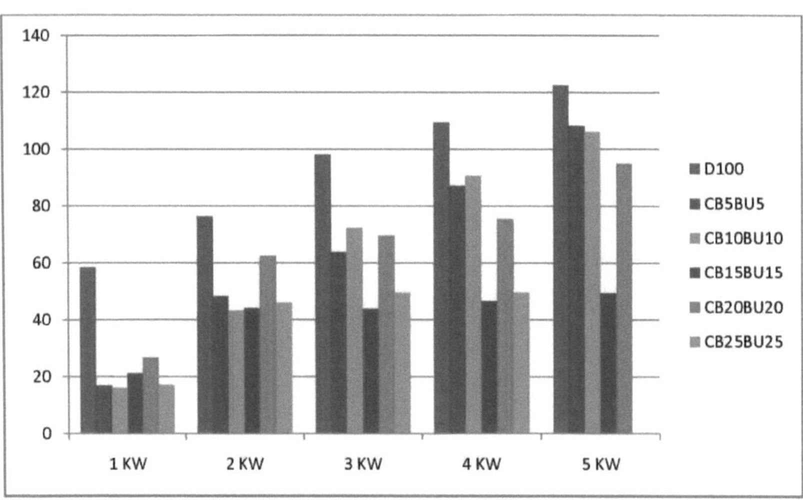

Figura 6.10: Pressão efectiva média do travão (KPa) em função da carga (KW)

6.2 Análise das emissões de gases de escape

As emissões de gases de escape, de acordo com a matriz de ensaio, foram medidas e analisadas da seguinte forma

6.2.1 Dióxidos de carbono

As variações na emissão de dióxidos de carbono, um dos parâmetros de emissão mais importantes no que respeita ao ambiente, são mostradas nas figuras 6.11 e 6.12. As observações são explicadas a seguir:

> A emissão de dióxido de carbono com o gasóleo de base, em comparação com as misturas ternárias, exceto a mistura ternária CB5BU5, não é significativa.

> A emissão de dióxidos de carbono na mistura ternária de CB5BU5 foi a mais baixa a cargas mais elevadas, o que também prova a nossa afirmação de que se trata da mistura ideal.

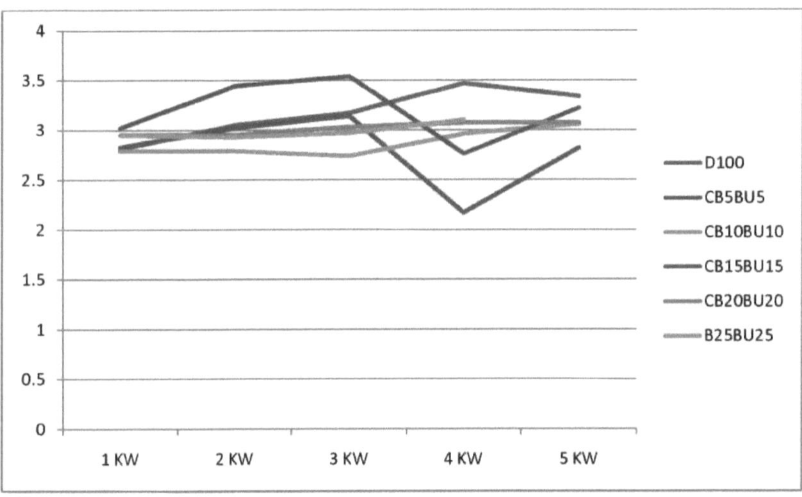

Figura 6.11: CO_2 em função da carga (KW)

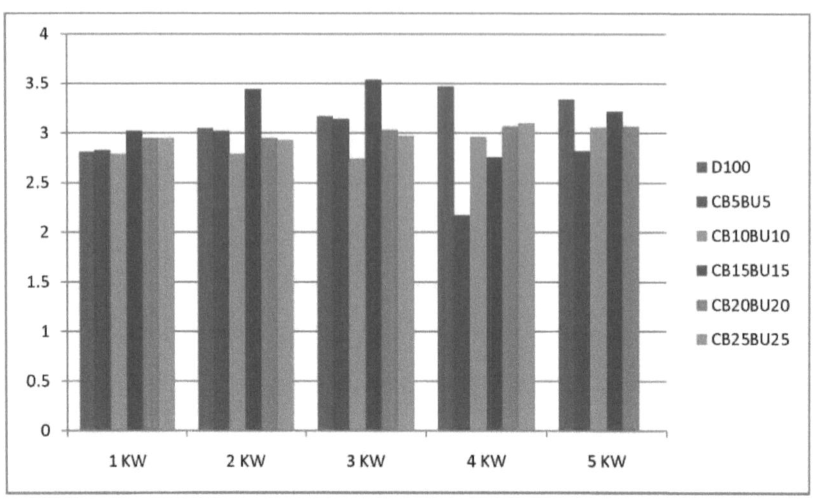

Figura 6.12: CO2 (%) versus Carga (KW)

6.2.2 Monóxidos de carbono

O efeito de um dos parâmetros mais poluentes da emissão de gases de escape no que diz respeito à saúde humana é o monóxido de carbono (CO) e o seu controlo é o principal fator de motivação para os investigadores procurarem combustíveis alternativos. O efeito do CO é mostrado nas figuras 6.13 e 6.14 e explicado da seguinte forma:

> A emissão de CO no gasóleo de base foi considerada a mais elevada em todas as cargas e é a razão principal para a procura de combustíveis biodegradáveis alternativos e ecológicos ou das suas misturas com o gasóleo de base.

> As misturas ternárias com percentagens mais elevadas de biodiesel de rícino e n-butanol não mostraram uma redução acentuada das emissões de monóxido de carbono.

> A mistura ternária de CB5BU5 mostrou uma redução considerável das emissões de CO a

cargas mais elevadas.

6.2.3 Hidrocarbonetos

Os hidrocarbonetos ocorrem nas emissões de gases de escape devido à combustão incompleta no motor diesel e são igualmente nocivos para o ser humano como o CO. Os seus controlos são, por conseguinte, outra razão importante para a procura de combustíveis alternativos ecológicos e são apresentados nas figuras 6.15 e 6.16. O efeito da utilização de combustíveis alternativos na nossa análise experimental sobre os hidrocarbonetos (HC) é explicado a seguir:

> A redução das emissões de HC com gasóleo de base e misturas ternárias com percentagens mais elevadas de biodiesel de rícino e n-butanol não se revelou significativa, exceto com a mistura ternária CB5BU5.

> Foi encontrada uma redução acentuada na emissão de HC com a mistura ternária de CB5BU5 a cargas mais elevadas, tornando-a assim a mistura mais eficaz e óptima.

6.2.4 Oxigénio

O oxigénio desempenha um papel importante na combustão do combustível. A emissão de gases de escape poluentes tornou-se uma grande preocupação para todo o mundo e o seu efeito devastador foi recentemente expresso pelo honorável Tribunal Superior no que diz respeito à poluição de Deli e estão a ser concebidas várias formas de controlar a poluição. A principal razão para a emissão de poluentes nos gases de escape é a combustão incompleta do combustível e, por conseguinte, estão a ser explorados combustíveis alternativos que são biodegradáveis e oxigenados, uma vez que os combustíveis oxigenados ajudam a reduzir os poluentes nos gases de escape. O efeito da utilização de combustíveis alternativos em diferentes misturas em relação ao oxigénio com o gasóleo foi mostrado nas figuras 6.17 e 6,18 e é explicado da seguinte forma:

> O teor de oxigénio do gasóleo de base e das misturas ternárias, com exceção das misturas ternárias CB5BU5 e CB10BU10, diminui à medida que a carga aumenta.

> As misturas ternárias de CB5BU5 e CB10BU10 foram consideradas as misturas ternárias oxigenadas mais úteis com o gasóleo.

> Entre as duas misturas acima referidas, a mistura ternária CB5BU5 com gasóleo apresentou melhorias consideráveis na emissão de oxigénio, indicando assim a mistura ideal.

6.2.5 Opacidade do fumo em função da carga

A opacidade dos fumos é outro elemento poluente mais importante dos gases de escape, que se verificou ser nocivo e cujo controlo é extremamente importante. As figuras 6.19 e 6.20 mostram a emissão da opacidade dos fumos com a utilização de misturas ternárias.

> O gasóleo de base e todas as misturas ternárias, exceto a CB5BU5, apresentam uma maior opacidade dos fumos à medida que a carga aumenta.

> A mistura ternária CB5BU5 mostra uma tendência decrescente da opacidade do fumo a todas as cargas e é a mais baixa à carga máxima, o que reforça ainda mais o nosso resultado de que a CB5BU5 é a mistura óptima. A redução da opacidade do fumo da CB5BU5 é causada pela combustão completa do combustível devido à presença de biodiesel de rícino oxigenado e n-butanol.

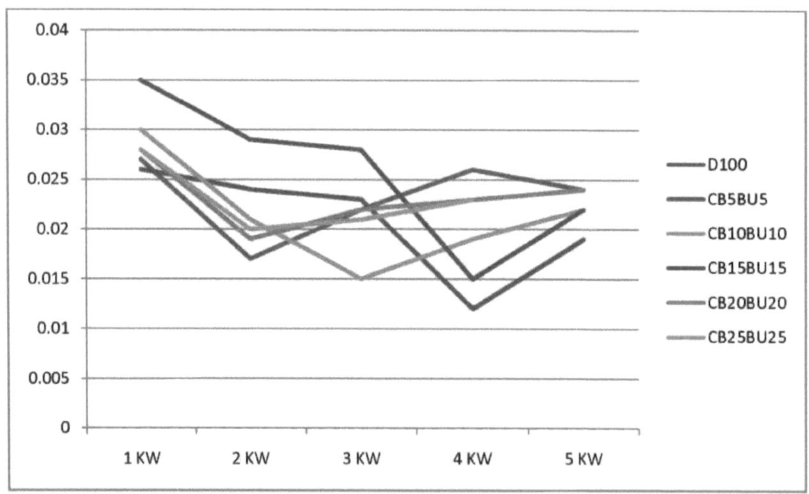

Figura 6.13: CO (%) versus Carga (KW)

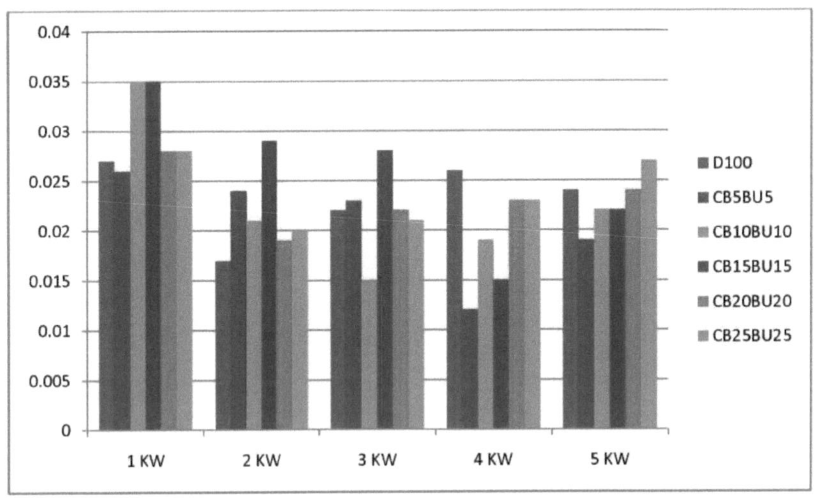

Figura 6.14: CO (%) versus Carga (KW)

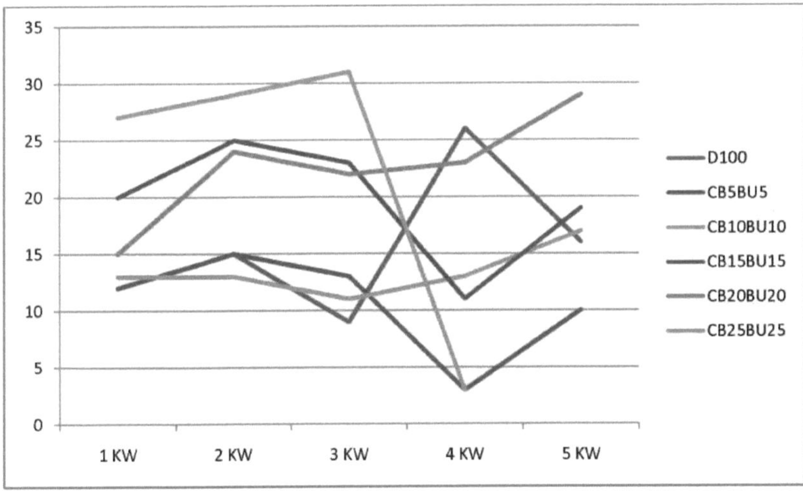

Figura 6.15: HC (ppm) versos Carga (KW)

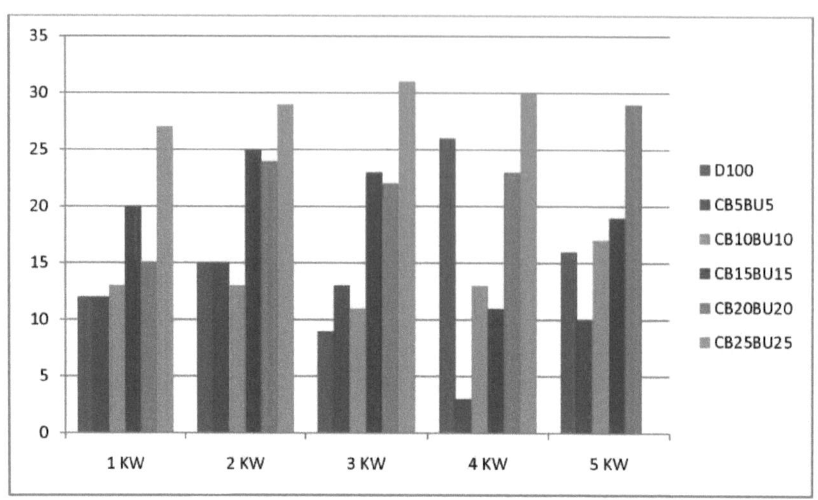

Figura 6.16: HC (ppm) versus Carga (KW)

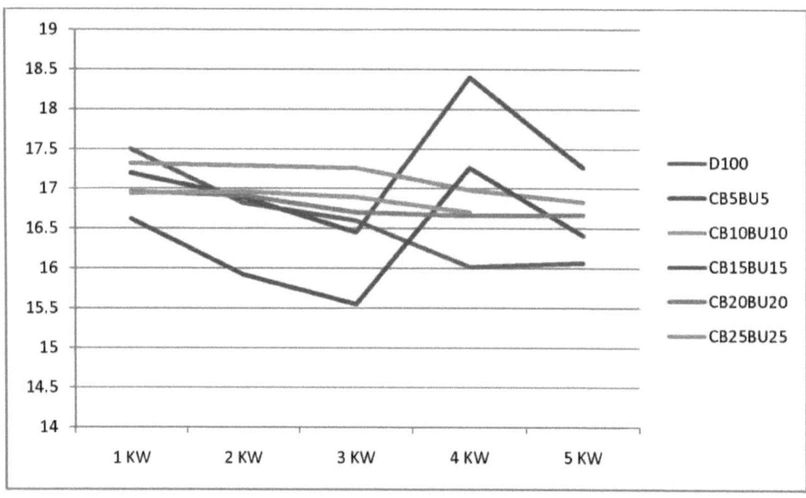

Figura 6.17: O2 (%) versus Carga (KW)

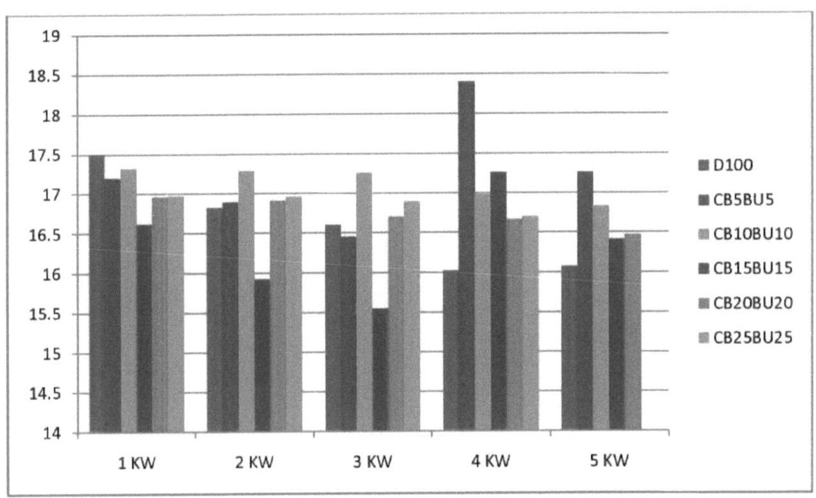

Figura 6.18: O2 (%) versus Carga (KW)

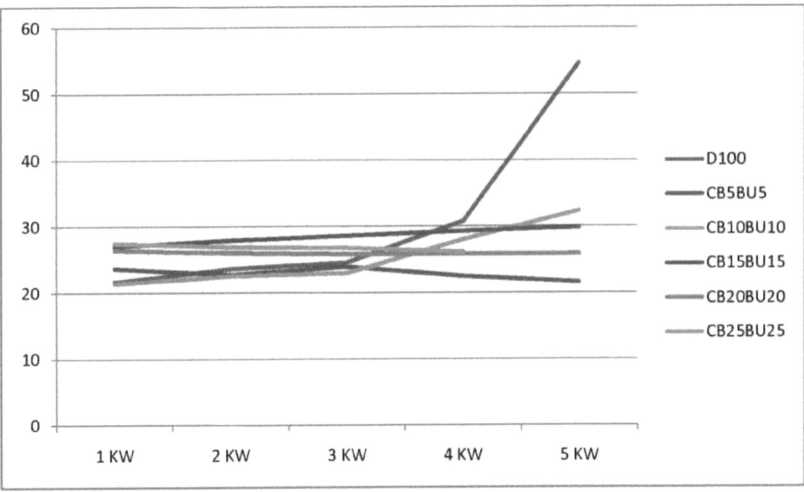

Figura 6.19: Opacidade do fumo (HSU) em função da carga (KW)

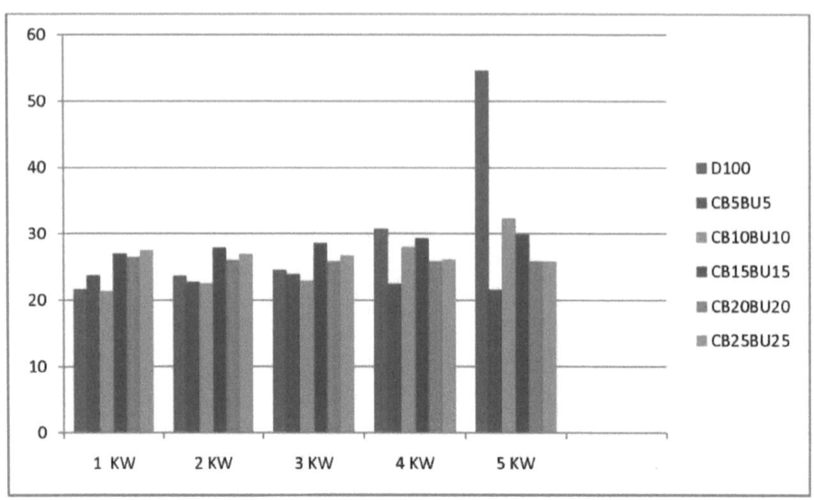

Figura 6.20: Opacidade do fumo (HSU) em função da carga (KW)

6.3 Conclusões

Após uma análise exaustiva e a comparação dos parâmetros de desempenho e de emissão de gases de escape das misturas ternárias de biodiesel de rícino, n-butanol e gasóleo com o gasóleo de base, observou-se que a mistura ternária CB5BU5 (5% de biodiesel de rícino, 5% de n-butanol e 90% de gasóleo) apresentou as caraterísticas de um combustível ótimo e os resultados foram considerados encorajadores, como se pode ver no gráfico e nos histogramas.

Capítulo 7

Conclusões

A experimentação sobre a análise do desempenho e das emissões foi efectuada principalmente para encontrar uma alternativa biodegradável e ecológica para proteger o ambiente e os seres humanos, cujas conclusões foram discutidas nos resultados e discussões. O objetivo da investigação era encontrar uma mistura ternária óptima de biodiesel de rícino, n-butanol e gasóleo que satisfizesse os nossos parâmetros ambientais e de controlo da poluição. As conclusões dos resultados estão resumidas a seguir.

O capítulo 1 apresenta a introdução, que inclui o conceito de investigação que tem origem na necessidade que motiva o investigador a concetualizar e a prosseguir metodicamente, sublinhando a motivação, a necessidade, o objetivo da investigação e o âmbito da investigação, que foram destacados no capítulo 1

O Capítulo 2 apresentou a revisão da literatura, tendo em vista o objetivo acima referido; foi realizada uma revisão exaustiva da literatura, cujos resultados foram resumidos no Capítulo 2. Neste capítulo, foram discutidos em pormenor os parâmetros de desempenho e as caraterísticas das emissões dos motores diesel que utilizam várias misturas de biocombustíveis e misturas ternárias, com especial referência aos efeitos da mistura biodiesel-diesel de rícino, da mistura n-butanol-diesel e da mistura ternária. A razão de ser da utilização de óleos não comestíveis e, em particular, do biodiesel de rícino e do n-butanol também foi discutida em pormenor. Abrange igualmente várias propriedades físicas e químicas das misturas ternárias de biodiesel de rícino - n-butanol - gasóleo e gasóleo.

O capítulo 3 apresenta conceitos inovadores e mais recentes de utilização da mecatrónica, tendo em conta a conclusão do processo de corte de garganta prevalecente no mercado, em que o cliente exige as mais recentes facilidades. Como resultado da mecatrónica, foi sugerida a utilização das mais recentes tecnologias do sistema de injeção de combustível common rail, que não só ajudou a poupar combustível como também melhorou o desempenho do motor.

O capítulo 4 apresenta a instrumentação, incluindo os pormenores de vários instrumentos utilizados para a medição dos parâmetros de desempenho, das emissões de escape e das propriedades físicas e químicas das misturas ternárias de biodiesel de rícino, n-butanol e gasóleo.

O capítulo 5 apresenta a experimentação, que inclui a experimentação do gasóleo de base e das misturas a 1, 2, 3, 4 e 5 KW de carga, que será efectuada no equipamento de ensaio experimental, onde serão observados os parâmetros de desempenho e de emissões.

O Capítulo 6 apresenta os resultados e as discussões que incluem os dados da experimentação, que serão analisados e representados em histogramas e curvas. Os resultados serão depois discutidos em pormenor e comparados com as conclusões de investigadores anteriores.

O âmbito futuro da tese pode ser:

> Misturas ternárias de biodiesel de rícino com outros membros da família dos álcoois, nomeadamente etanol, propanol, etc.

> Misturas ternárias de biodiesel de outros óleos não comestíveis com n-butanol e gasóleo.

Referências

An, H. Yang, W.M., Maghbouli, A. et al. (2013). Investigação numérica sobre as caraterísticas de combustão e emissão de uma combustão de biodiesel assistida por hidrogénio num motor diesel.

Arina,N. e r Adriana, T. "Análise da Opacidade e Estimativa do CO2 Expirado por um Veículo com Motor Diesel em Condições de Tráfego Urbano".

Armas, O., Contreras, G.C. e Ramos, A. (2011). Emissões de poluentes na partida de motores com misturas de etanol e butanol.

Atmanlı, A., Yuksel, B., &Ileri, E. (2013). Investigação experimental do efeito das misturas ternárias diesel-óleo de algodão-n-butanol na estabilidade de fase, desempenho do motor e parâmetros de emissão de gases de escape num motor diesel. Fuel, 109, 503-511.

Babu, P. S., &Mamilla, V. R. (2012). Metanólise do óleo de rícino para produção de biodiesel. Revista Internacional de Tecnologia de Engenharia Avançada, 3(1), 146-148.

Biodiesel Report; National Biodiesel Board: Jefferson City, MO, março de 1996.

Cesar, A.da.Silva and Batalha, M.O.," Biodiesel production from casyor oil in Brazil: A difficult realty,' Elsevier Journal (Sep. 2009)

Charalampos Arapatsakosl, C., Karkanis, A. and Strofylla, S.M."'The effect of temperature on gas emissions."'Vol.ll, Issue 1/ URRS, 2012

CHEMIK 2011, **65,** 6, 549-556 "Biobutanol - produção e aplicação em motores diesel".

China energy group-Princeton Roots China Focus Global Reach

Deshpande, D. P., Urunkar, Y. D., &Thakare, P. D. (2012). Produção de Biodiesel a partir de Óleo de rícino utilizando catalisadores ácidos e básicos. Res. J. Chem. Sci, 2(8), 51-56."

DieselNet" Normas de emissão, Índia

Dogan, O. (2010). A influência da utilização de misturas de n-butanol/diesel nas emissões de desempenho de pequenos motores diesel.

Dogan, O. (2011). A influência da utilização de misturas de combustível n-butanol/diesel no desempenho e nas emissões de um pequeno motor diesel.

Dr. D.K.Tuli, Indian Oil Corporation Ltd. R&D Centre, "Non-Edible Oils as Feedstock for Biodiesel."

Agência de Proteção do Ambiente. (2002). A Comprehensive Analysis of Biodiesel Impacts on Exhaust Emissions [Uma Análise Abrangente dos Impactos do Biodiesel nas Emissões de Escape].

Forero, C. L. B. (2005). Biodiesel de óleo de rícino: um combustível promissor para o frio. Departamento de Ciências Hidráulicas, Fluidos e Térmicas Universidade Francisco de Paula Santander Avenida Gran Colombia, (12E-96).

Gashaw, A e Lakachew, A.," Produção de biodiesel a partir de óleo não comestível e suas propriedades." Revista Internacional de Ciência, Ambiente e Tecnologia, Vol. 3, No 4, 2014, 1544 - 1562, ISSN 2278-3687 (O)

Giakoumis E.G., Rakopoulos, C.D., Dimaratos,A.M. e Rakopoulos, D.C., "Exhaust emissions with ethanol or n-butanol diesel fuel blends during transient operation: A review".

Giakoumis, E. G. (2013). A statistical investigation of biodiesel physical and chemical properties, and their correlation with the degree of unsaturation. Renewable Energy, 50, 858878.".

Giakoumis, E. G., Rakopoulos, C. D., Dimaratos, A. M., &Rakopoulos, D. C. (2013). Emissões de escape com misturas de etanol ou n-butanol diesel durante a operação transitória: uma revisão. Renewable and SustainableEnergy Reviews, 17, 170-190."

Gokhan TUCCAR, Tayfun OZGUR, Abdulkadir YA§AR e Kadir AYDIN, Investigação Experimental do Desempenho do Motor e das Caraterísticas de Emissão de um Motor Diesel Usando Misturas Contendo Biodiesel de Microalgas, n-butanol e Combustível Diesel ", 2014 3ª Conferência Internacional sobre Ciências Geológicas e Ambientais.

Goswami, A. (2011). Uma Avenida Alternativa Ecológica para o Biodiesel de Óleo de Mamona: Uso de Catalisador de Sal Ácido com Suporte Sólido. Editora INTECH de acesso livre...

Governo da Índia, Ministério das Energias Novas e Renováveis Política Nacional de Biocombustíveis

Hincapid, G., Mondragon, F., &L6pez, D. (2011). Transesterificação convencional e in situ de óleo de mamona para produção de biodiesel. Fuel, 90(4), 1618-1623."

http/www.berkeleybiodiesel.org/advantages and disadvantages-ofbiodiesel.html

http:// greenliving.lovetoknow.com/ Vantagens e Desvantagens dos Biocombustíveis.

http:// ripkenite.hubpages.com/ Combustível alternativo Biodiesel.

http://www.alternativefuelsamericas.com/index.php

www.alternativefuelsamericas.com/index.php

Ingle, S. S., &Nandedkar, V. M. (2013). Biodiesel de óleo de mamona um combustível alternativo para o diesel no motor de ignição por compressão.

Ingle, S.S. e Nandedkar,V.M. e Nagarhalli, M.V. (2013). Previsão de desempenho e emissão de biodiesel de óleo de mamona em motor diesel. Vol. 1, Issue 1.

Jin, C.,Yaoc, M.,Liuc,H., F, C.,Leed,, e Ji, J.,'"Progress in the production and application of n-butanol as a biofuel".

Kawadw, G.H. e Satpute, S.Y., "Uma revisão sobre a otimização dos parâmetros de desempenho do motor C.I. para o combustível biodiesel usando um software adequado", IOSR Journal of

Mechanical and Civil Engineering (IOSR-LMCE), ISSN: 2278-1684 Volume 5, Edição 1 (Jan.-Fev. 2013)

Knothe, Gerhard (2001). "Perspectivas históricas sobre os combustíveis diesel à base de óleo vegetal"

Krishnaswamy, T., Shenbaga, N., &Moorthi, V. (2012). Avaliação do desempenho do motor diesel com misturas de biocombustíveis oxigenados. ARPN Journal of Engineering and Applied Sciences, 7(1), 10-14."

Kumar Ved e Kant Padam "Study of Physical and Chemical Properties of Biodiesel from Sorghum Oil" research journal ofChemical science, Vol. 3(9), 64-68, setembro de 2013.

Lapuerta, M., Armas, O., & Rodriguez-Femandez, J. (2008). Effect of biodiesel fuels on diesel engine emissions. Progress in energy and combustion science, 34(2), 198-223."

Mahla, S.K. "Study on utilization of CNG and Biodiesel blend in a compression ignition engine using exhaust gas recirculations."

Mecatrónica por Ganesh S. Hegde
Mecatrónica por K. Graig e J. Luecht

Mecatrónica com experiências de Cetinkunt

Mehta, B. H., Mandalia, H. V., &Mistry, A. B. (2011, maio). A Review on Effect of Oxygenated Fuel Additive on the Performance and Emission Characteristics of Diesel Engine. Na Conferência Nacional sobre Tendências Recentes em Engenharia e Tecnologia (pp. 13-14).

Mehta, Bhavan.H, Mandelia, Hiren.V e Miistry, Alpesh. B., "A Review on Effect of Oxygenated Fuel Additive on the Performance and Emission Charateristics of Diesel Engine", Conferência Nacional sobre Tendências Recentes em Engenharia e Tecnologia.

Merola, S. S., Tornatore, C., Iannuzzi, S. E., Marchitto, L., & Valentino, G. (2014). Investigação do processo de combustão em um motor diesel de alta velocidade alimentado com mistura diesel de n-butanol por métodos convencionais e diagnósticos ópticos. Renewable Energy, 64, 225-237.

Modi,Maulik.A, Patel, Tushar.M e Rathod, Gaurav.P, "Parametric Optimization of Single Cylinder Diesel Engine for Pyrolysis Oil and Diesel Blend for Brake Thermal Efficiency Using Taguchi Method," ," IOSR Journal of Mechanical and Civil Engineering (IOSR- LMCE), ISSN: 2278-3021 Volume 4, Issue 1 (May. 2014)

Mughal, H.U, Bhutta, M.M.A., Ather, M., Shahid, E.M. e Ehsan, M.S. (2012). Os Combustíveis Alternativos para o Motor de Ignição por Compressão a Quatro Tempos: Análise de desempenho. Vol. 36, No

Narinder Singh, Narinder Kumar, SK Mahla, "Experimental Studies on Single Cylinder CIEngine using Mahua Oil and Ethanol Blends", (UESE), ISSN: 2319-6378, Volume-1, Issue-11, setembro de 2013

Patel, K.B., Patel, Tushar.M e Patel, Saumil.C," Parametric Optimization of Single Cylinder Diesel Engine for Pyrolysis Oil and Diesel Blend for Specific Fuel Consumption Using Taguchi Method," ," IOSR Journal of Mechanical and Civil Engineering (IOSR- LMCE), ISSN: 2278-1684 Volume 6, Issue 1 (Mar.-Apr. 2013)

Pocket Book of Agricultural Statistics, 2014, Governo da Índia, Ministério da Agricultura, Departamento de Agricultura e Cooperação, Direção de Economia, Nova Deli

Rakopolous, D.C, Rakopolous, C.D., Papagiannakis, R.G. e Kyritsis, D.C. (2010). Análise da libertação de calor na combustão de misturas de gasóleo com etanol ou n-butanol em motores diesel D I pesados.

Rakopouloos, D.C. "Combustion and emissions of cottonseed oil and its bio-diesel in blends with either n-butanol or diethyl ether in HSDI diesel engine (2011) 1855-1867

Rakopoulos, D. C. (2013). Combustão e emissões de óleo de semente de algodão e seu biodiesel em misturas com n-butanol ou éter dietílico no motor diesel HSDI. Fuel, 105, 603-613.

Rakopoulos, D. C., Rakopoulos, C. D., Papagiannakis, R. G., & Kyritsis, D. C. (2011). Análise da libertação de calor na combustão de misturas de gasóleo com etanol ou n-butanol em motores diesel DI pesados. Fuel, 90(5), 1855-1867.

Rakopoulos, D.C., "Combustion and emissions of cottonseed oil and its bio-diesel in blends with either n-butanol or diethyl ether in HSDI diesel engine" D.C.Rakopoulos/fuel 105(2013) 603-613

Rao, Nandkishor.D., Kumar, B.Sudher.P, Srinath, C. e Patil, Chandrashekar, Otimização dos parâmetros de funcionamento do motor;" International Journal of Mechanical Engineering and Technology (UMET), ISSN: 0976-6340, Vol. 5 (Sep. 2014)

Regulamentos, I. E. (2011). Associação de Investigação Automóvel da Índia.

Roy, M. M., Alawi, M., & Wang, W. (2013). Efeitos do biodiesel de canola no desempenho e nas emissões de um motor diesel DI. Jornal Internacional de Engenharia Mecatrónica UMME-IJENS, 13(02), 46-53.

Sayin, C. (2009). Desempenho do motor e emissões de gases de escape de misturas de metanol e etanol diesel.

Shrirame, H. Y., Panwar, N. L., &Bamniya, B. R. (2011). Bio diesel de óleo de mamona - uma opção de energia verde. Economia de Baixo Carbono, 2(01), 1.

Shrirame, H. Y., Panwar, N. L., &Bamniya, B. R. (2011). Bio diesel de óleo de mamona - uma opção de energia verde. Economia de Baixo Carbono, 2(01), 1.

Simit B. Prajapati, Pravin P. Rathod, Nikul K. Patel, "Performance and Emission improvements of 4-stroke multi- cylinder ci-engine by use of dmc-egm-diesel blends", International Journal of Advanced Engineering Research and Studies E-ISSN2249-8974.

Sivaramakrishnan, K., &Ravikumar, P. (2012). Otimização do desempenho do motor a biodiesel de karanja utilizando a abordagem de taguchi e regressões múltiplas. ARPN J. of Engineering and Applied Sciences, 7, 507-516.

Siwale, L. et al. (2012). Caraterísticas de combustão e emissão da mistura de combustível n-butanol/diesel num motor de ignição por compressão tubocharged.

Siwale, L., Kristof, L., Bereczky, A., Mbarawa, M., &Kolesnikov, A. (2014). Desempenho, caraterísticas de combustão e emissão do aditivo n-butanol na mistura metanol-gasolina queimada em um motor de ignição por faísca naturalmente aspirado. Tecnologia de processamento de combustível, 118, 318326.

Sreenivas, P., Maniilla, V.R. e Sekhar, K.C. (2011). Desenvolvimento de Biodiesel a partir de óleo de rícino.IJES vol. 1. No.3 pp 192-197.

Statistics, P. (2013). Ministério da Estatística e da Implementação de Programas, Governo da Índia. New Delhi.

Subramanian, D. MurugesanandAvinash, A. "A comparative estimation of C.I. engine fuelled with methylesters of punnai, neem and waste cooking oil", INTERNATIONAL JOURNAL OFENERGY AND ENVIRONMENT,'"Volume 4, Issue 5, 2013 pp.859-870 Takavarasha, T., Uppal, J and Hongo, H "Feasibility Study for the Production and Use of biofuel in the SADC Region"

Thomas, Tina, P., Birney, David. M. e Auld, Dick. L.," Viscosity reduction of castor oil by the addition of diesel, safflower oil esters and additives," Elsevier Journal (June-2011)

Tornatore, C., Marchitto, L., Mazzei, A et al. (2011). Efeito da mistura de butanol no processo de combustão do incilindro. Parte 2: Motor de ignição por compressão: Journal of Kones Power train and Transport, vol. 18, No. 2

Udaykumar,Dr. e Singh, Prabhjot," Use oof Alcohol as an Alternative Fuel in Diesel Motor".

Valentino,G., Corcione, F.E., Iannuzzi, S.E. and Serra, Simone," Experimental study on performance and emissions of a high speed diesel engine with n-butanol diesel blends under premixed low temperature combustion," Elsevier Journal(July 2011)

Vijayaraj, K. and Sathiyagnanam,.A,P, ", Emission Performance and Combustion Characteristics of a Diesel Engine with Methyl Ester of Mango Seed Oil and Diesel Blends, International Journal of Mechanical & Mechatronics Engineering UMME-IJENS Vol:15 No:01

Wang, J., Wu, F. e Xiao, J., 2009 "Oxygenated blend design and its effects on reducing diesel particulate emissions", Science direct, 2037-2045.

Wigg, B. R. (2011). Um estudo sobre as emissões de butanol utilizando um motor de ignição comandada e a sua redução utilizando a injeção assistida electrostaticamente (dissertação de doutoramento, Universidade de Illinois em Urbana-Champaign)."

Wu, Z.Y., Wu, H.W. e Hung, C.H (2013). Aplicação do método Taguchi às caraterísticas de combustão e determinação de factores óptimos em motores diesel/biodiesel com portinjecting LPG.

Yang, B., Yao, M., Cheng, W. K., Zheng, Z., &Yue, L. (2014). Emissões reguladas e não reguladas de um motor de ignição por compressão sob combustão a baixa temperatura alimentado com misturas de gasolina e n-butanol/gasolina. Fuel, 120, 163-170.

Zhang, Z. H., &Balasubramanian, R. (2014). Influência da adição de butanol à mistura dieselbiodiesel no desempenho do motor e nas emissões de partículas de um motor diesel estacionário. Applied Energy, 119, 530-536.

Printed by Books on Demand GmbH, Norderstedt / Germany